万物智联与万物安全丛书——重庆市出版专项资金资助

隐私信息
保护趣谈

向 宏／著

重庆大学出版社

上
篇

第一回　是谁带来远古的呼唤
　　　　　是谁留下千年的祈盼

"浩瀚苍穹，奥妙无穷；众神之车，来去无踪。"

假如三百多万年前一位天外来客驾驶着水滴型的光子飞船访问过地球，我们姑且把这位外星人称为"牧星大叔"吧。那么我们一起来猜想一下，当他穿越广袤的宇宙掠过银河系的城乡接合部——太阳系的时候，我们这颗蔚蓝色星球上有哪些景色或事件会引起大叔的兴趣，让他放缓巡天的脚步呢？让我们想象一下这样的场面：

图1.1　1972年"阿波罗17号"飞船
　　　 从太空鸟瞰地球

"水滴"飞船正从大西洋上空缓缓飘过，透过舷窗，这位外星来客看到一群懒洋洋的海牛正在碧蓝的海岸边不紧不慢地嚼着海草。"Interesting！别的星球上的吃货都是不断地进化，从海洋爬

图 1.2　海牛

上大陆，偏偏这货在陆地上生活了几千万年之后又潜回了大海。根据俺家牧星大爷上次的巡天日志，这个星球尚处于'上新世'地质年代（Pliocene Epoch），还没有被后来一种自称为'后门'（human）的动物糟蹋得像'破旧世'，舷窗下面到处都是青山绿水，负氧离子爆表，它们干吗要辛辛苦苦又回到海里喝咸水吃咸菜呢？来来来，让我近距离给它们拍一张照，带回去给俺家小牧星娃娃看看这个萌呆。"牧星大叔喃喃自语道，手指一点，光子飞船的发动机喷口带起一阵疾风犁开海面，全息相机里面留下了一张张翻着白肚皮的海牛的憨态……

　　接下来"水滴"飞船制作了一个指向北美大陆的微型虫洞，瞬间出现在科罗拉多大峡谷中间。牧星大叔正在四处张望，忽听一声长啸，一头长约3米、重约500公斤的剑齿虎飞身一跃蹦到了飞船上，还对着大叔龇牙咧嘴，露出一排排瑞士军刀般锋利的牙齿。可惜光滑如镜的水滴让它无从下口。剑齿虎盘旋再三，只好又一跃而去。留在牧星大叔镜头里的只有它的标配——将近20厘米长的大獠牙。"在我们那文明高度发达的星球上，小baby生下来就知道笑不露齿，这里的大猫怎么一点基本礼仪都不讲？"中年大叔心中有点不爽了。不好玩不好玩，换个地方看看。

图 1.3　亚洲古犀牛

　　"水滴"打开反物质发动机，一个加力伴随着一个优美的滚桶侧翻，瞬间已经来到亚洲大陆一座云雾缭绕的山峰之上，几头兕[1]（亚洲古犀牛）头顶长约一米的标志性独角，正在山脚下兴致勃勃地啃着青草，时不时还抬起头来警惕地四处张望一下，古铜色的大长角在夕阳下熠熠闪光。"这个星球上的动物不是怒气冲冲地披着厚重的甲胄，就是心怀叵测地长着锋利的牙齿和长角，很好玩吗？！"牧星大叔有点愤愤不平了。但有一点他没想到，舷窗下面的这座山峰日后会成为一座名山，三百万年以后有一位名叫大禹的传奇人物治水成功，在这里召开庆功大会："会诸侯于涂山（今重庆市长江南岸），召众宾歌乐于此"，故此山得名"歌乐山"。他更没料到在春秋战国时期，人们已经把这个浑身披满了甲胄在歌乐山下悠闲地啃青草的大牛当成了神兽，成了《封神榜》中太上老君的坐骑。还有一位名叫"孔子"的圣人正在用"虎兕出柙"[2]

1　生活在亚洲的古犀牛。参见 Rabinowitz, Alan (1995). "Helping a Species Go Extinct: The Sumatran Rhino in Borneo", Conservation Biology, 9 (3): 482–488.
2　参见《论语·季氏》。

来教育他的七十二弟子，讲述那个时代公权力的失序与滥用，像虎兕出柙一样肆意发动战争、对平民百姓的个人生活横加干涉，真是"自古只顺君王意，哪有隐私落万家"啊！

当"水滴"最后掠过今天的埃塞俄比亚境内，即将结束这次地球之旅的时候，大叔透过舷窗看到的非洲大陆水美草肥、古树参天，"风吹草低见'豺狼'"，到处是生机盎然的景象。此番原生态景象，终于让牧星大叔的心情好了起来。监控视频中他看到一群南方雄性古猿刚刚猎杀了一头蓝马羚。他们欢快地围着这头不走运的羚羊，一边呼叫着，嘴里还咿咿呀呀唱着歌，一边抬着猎物往远方的猴面包树树林走去。这种猴面包树树高近二十米，是非洲的特产，枝高皮滑，能够防止成天在附近游荡的饥肠辘辘的狮群把这群古猿（也是我们人类在地球上的唯一祖先）当宵夜，所以"树大招猴"，这种猴面包树成了这群小精灵们搞"房地产"的首选。古猿们拖家带口，各自占树为王，入夜之后呼儿唤女，好不热闹。远远望去，一排排粗壮的树干宛如后来地产大亨们开发的别墅洋房。

图1.4　东非大草原猴面包树

突然，牧星大叔的目光被一位身材娇小玲珑的雌性猿人吸引住了：露西（Lucy），这位芳龄20，被后人称为"人类祖母"的小姐姐当时正在面包树的树冠上哺育自己刚刚出生的小宝贝露霸。牧星大叔轻推操作杆让"水滴"飞船悄无声息地慢慢靠近露西的家，露西猛一抬头，与大叔四目相对，下意识地遮掩了一下自己正在哺乳的胸部。

图1.5　人类祖母"露西"

"众里寻芳千百度，露西藏身面包树。"就是露西小姐姐这个羞涩的遮掩动作，却让牧星大叔完成了此次来太阳系巡天考察的主要任务：这个星球上林林总总数以千万计的生物当中，哪些将来有可能进化成情商和智商比翼齐飞的动物？"水滴"飞船上强大的CQU-IV型量子计算机使用卷毛神经网络算法一瞬间就给出了对这个蓝色星球上所有物种进化模型的推演。出现在牧星大叔面前的是这样几个画面：翻着白肚皮的海牛、龇牙咧嘴的剑齿虎、娇羞掩饰自己胸部的露西……量子计算机的推演结论是：与其他吃货相比，这群南方古猿开始具有较高级的道德情感——保护自己身体的隐私……要知道，即使在牧星大叔所在的"武仙座"文明星系里，这种情感也早已被冷酷的十一维超弦智能体所取代，相互之间拼比的是算力的进化，个体隐私已经变得越来越稀有、越来越珍贵了。

牧星大叔抬头看了看冷原子宇宙时钟，恋恋不舍地关闭了等离子舷窗，携带着露西的全息映像，将飞船对准回家的方向，蓝光一闪，消失在茫茫的夜空当中……

时光荏苒，一晃又是三百万年。露西的子子孙孙在这期间开枝散叶，走向了全世界。她的晚生后辈们的道德会变得更加高尚吗？人类文明又会走向何方？让我们接下来把目光投向人类文明的摇篮之一——亚洲大陆的东方古国，看看那里有什么与隐私相关的故事，从而开始本书的正式故事吧。

第二回　辨古文　中华文化寓意远
聆雅韵　东方隐士源不断

　　据统计，自从地球诞生以来，人们能够辨识出的在这个星球上生活过的（或正在努力挣扎活着的）各种生物可能高达一万亿种，而真核生物物种接近一千万种，其中约有六百五十万种是陆地生物，二百二十万种是海洋生物。现代生物学的发展已经使人类认识到在芸芸众生中，不仅仅只是人类拥有道德情感，其他一些所谓的低等生物也具有某种"道德底线"，就如同以色列作家尤瓦尔·赫拉利在其《今日简史》当中举的例子那样[1]。但另一方面，我们看到过哪怕是一只海豚（据说海豚的智商只比人类差一点点）穿着海豹皮做的比基尼，或者威风凛凛的非洲雄狮穿着羊皮做的开裆裤，或者大猩猩用树叶遮掩自己的私处了吗？没有！一只都没有！！我们甚至能够想象到在现实世界当中，如果哪一天人们发现了一种因感到羞耻而遮掩自己身体的生物（含羞草不能算！），那该是多么令人震撼啊！！！

　　论速度，人类在陆上跑不过猎豹，在水中游不过海豚；论力量，人类举重拼不过蚂蚁，跳高比不过跳蚤；论脑容量，人类在蓝鲸面前也甘拜下风……但为什么是我们人类最终主宰了这个星

1　[以色列]尤瓦尔·赫拉利著，林俊宏译《今日简史》，中信出版集团，2018年。

球[1]？这一切与人类津津乐道的智力进化、不断提升的道德水准，以及不断加强的隐私保护意识有什么内在联系吗？随着人工智能梅开三度[2]，基因工程技术也蠢蠢欲动，将来的人类毫无疑问会变得更加智慧，身体也可能会更加健壮。但人类的道德水平，包括隐私保护意识一定会不断进步吗？如果答案是"是"，那又应该如何与越来越"聪明"的自己相适配呢？

据说，在我们共同的露西奶奶曾经生活过的那块土地上，流传着这样一句谚语："别跑得太快，请停下来等一等自己的灵魂。"

现在就让我们停下匆匆的脚步，首先来看一看本书出现频率最高的"隐""私"二字从何而来吧。

先从古老的东方开始。仓颉，这位相传是中华文字的创造者，他是如何用丰富的想象力创造出"隐""私"二字的？

"隐"字的篆文由五部分组成：拆开之后包括"阜"，寓意盘山石阶，代表高山；"爪"，抓；"工"，生产器具；"又"，持守；"心"，欲望。组合在一起的寓意是："远离人群、深居山野，因藏匿而稳心。"

而"私"字，篆文由两部分组成："禾"，代表粮食，在农耕时

---

1 看看我们人类近现代对这个星球的所作所为，这个"宰"字应该是很贴切的。
2 第一波人工智能（Artificial Intelligent）产生于20世纪50年代，70年代末80年代初是第二波热潮。

代也就代表着财产；"厶"，代表一个裹在胞衣中头朝下、尚未出生、不辨性别、不明模样的胎儿。据说仓颉造出"私"字的本义，是指在原始共产主义社会天天吃大锅饭的环境中（前提是如果有得吃的话），"人们总是对某些部落成员暗藏的家产或不知其详的胎儿感到不安"。

在中华文明三千年璀璨的历史长河当中，国人把"隐"与"私"这两条小舟各自驾驭得出神入化。不过要是以现代"隐私"的概念来衡量的话，中国古代的"隐"字其实在很大程度上就已经包含了"隐私"二字的含义。而历朝历代的史官们，还专门给这些"史上最注意隐私保护"的人群起了一个雅号：隐士。如果我们给历史上著名的隐士们排个名的话，谁能拔得头筹呢？道家始祖李耳（老子）李老师如何？入选理由：他"一言不合"就写下了史上最短也是影响最大的学术论文《道德经》[1]，在函谷关前把

图 2.1　《老子骑牛图》（明）

1　五千余字的《道德经》蕴含了多少哲理？形成了多少流派？还顺带养活了多少文人骚客？真是称得上"字字千金"啊。

它当作"买路钱"留给了城防司令尹喜。"老爷子您下一步去哪儿啊?"尹司令接过这部宝书之后一定会关切地问。但这位西周皇家图书馆馆长[1]却仰天长啸,骑着青牛扬长而去,真可谓"大显之后又大隐"啊。老子隐身何处大概是道家研究者们希望解答的千古之谜。然而,抛开"老子去哪儿了?"(不是爸爸去哪儿了)这个远古的八卦旧闻不谈,如果人们以稍微严谨一点的态度来探究道家文化,就不难发现道家的哲学思想是如何深深融入每一个华夏子孙的血液里去的,又是如何与中华文化中的"功成身退""归隐山林""告老还乡"等处世哲学一脉相承的。

"道家思想有两个来源。首先是战国时期的哲学家,他们探索的是大自然之道,而非人类社会之道。因此,他们不求见用于封建诸侯国的朝廷,而是隐退于山林之中,在那里沉思冥想着自然界的秩序,并观察它的无穷的表现……"李约瑟在其巨著《中国科学技术史》当中论及"道家及道家思想"的起源时,首先就明确地提出了道家思想的这一大特色[2]。与儒家等"显学"强调要积

图2.2 著名的中国古代科技史专家李约瑟

---

1 应该相当于现在的中国科学院再加上中国社会科学院的双料院长吧?
2 李约瑟著《中国科学技术史》,科学出版社,2003年,33页。

极"入世"介入朝政救民于水火不同[1]，道家的哲学理念是探讨天地之大道，需要静思、独处，需要"出世"。这一点与本书下一章要谈到的古希腊哲学思想颇为类似。而数千年来中国的文人士子们其实就是围绕着"入世""出世"而不停变化着自己的身份与角色的。只不过后来到了汉代董仲舒提出"罢黜百家，独尊儒术"，使得不少文人即使是摆出"出世"的姿态，但更多的还是思考人间大道，为下一次受帝王垂诏"入世"做好铺垫，而不是去思考宇宙、自然以及科学之道，以至于到了现在"大师满街走，隐士很稀有"。当代的大科学家钱学森临终前都不得不发问："为什么我们的学校总是培养不出杰出的人才？"[2]而李约瑟虽然发自内心地对中国古代的科学思想和技术发明赞誉不已，但随即也提出了一个沉甸甸的问题："为什么现代科学技术没有诞生在中国？"[3]这是一个沉重的话题，本书作者也无法回答，所以还是回到隐私和隐士身上来吧。

如果要问除了"老子"这位东方隐士界的鼻祖之外，中国后来隐士群体的天团级代表人物又有哪些呢？答案可能非三国时期的卧龙岗诸葛亮以及嵇康等"竹林七贤"莫属，尽管前者是假出

图2.3 《竹林七贤》

1　儒家学派历来就渴望与人为师，所以不愿"隐身"。
2　即著名的"钱学森之问"。
3　即著名的"李约瑟之问"。

世[1]，后者是真潇洒，不过"隐、遁"已经成为历史上中国传统文人的学术名片，以至于在任何年代都可以随手拈出不少"隐出了名"的侠士。

从上面的论述可以看出，中国古代文明中源自道家的"隐文化"隐的就是个人的心境、个人的追求，甚至个人的境界：阳春白雪也好，下里巴人也罢，反正这是咱自己的私事，与汝何干？而中国古代这种文化传统也是与现代意义上"隐私"的本质含义最为接近的。所以我们大致上可以这么讲，在中国文化语境当中，当你说到"隐"的时候，其实就是想"隐自己的私"。

尽管如此，由于现代科技的快速发展而带来的个人隐私的巨大挑战，国人也是直到最近一二十年才慢慢有所认识并逐步开始关注的。笔者曾亲身经历过这样一个典型的例子：十余年前我们所在的科研团队曾参加了一个国家级科研项目的答辩，与其他"高大上"的研究方向相比，我们的研究"平淡无奇"，内容是研究医疗信息系统中病人个人健康数据的保护技术。也许刚刚听完前面其他团队拯救地球一般高大上的答辩，评审委员会一位网络安全资深专家听完我们的论述后，很不屑地自言自语道："只有高级领导人的病历才需要保密，一般人的病历有啥秘密可保？"不知道现在这位专家读到"夫人生完孩子后，刚出院回到家就接到给孩子剃胎毛、拍满月照之类的电话""揭秘某某殡葬行业黑幕，人还没咽气信息就被出售"，诸如此类的新闻报道之后会作何感想。如果对此没有严格的法律制约和先进的隐私保护技术，那么

1　诸葛亮在卧龙岗等的就是刘皇叔"三顾茅庐"的态度，然后就义无反顾地"人世"辅佐明君，直至最后鞠躬尽瘁，死而后已。

将来随着科学技术的飞速发展，再过二十年，当人们走在大街上的时候，甚至会有人鬼鬼祟祟地向您推销："这位大哥，我看你骨骼清奇，太阳穴高高隆起，确实是一个练武之才。但大哥你的学习成绩恐怕，嘿嘿……是不是从小就输在了起跑线上，还经常被班主任请家长？想要修饰一下您孩子的基因让他每年闭着眼睛都拿奥数金牌吗？我手里有'懵山猪'公司生产的上等货色，正好匹配您的基因……"值得庆幸的是，一些隐私立法走在前面的国家，已经把基因信息纳入了个人隐私保护的法律之中。读者将在本书后半部分读到相关的内容。

有道是"谁言古人无隐私，但忧未来新趋势"。

说完了古代东方，让我们一起再去探索一下古代的西方，看一看那里有什么与隐私相关的典故呢？与东方的隐士文化又有何异同呢？它们与现代隐私保护理念以及保护技术又有什么内在的关联呢？

从下一回开始，我们主要探讨欧美国家个人隐私保护的历史和现状，希望能够给读者带来一些有益的思考。

第三回　盲诗人　荷马史诗千古传
　　　　毕大师　万物归一创社团

　　西方文明源自古希腊文明，因此西方个人隐私保护的思想最早也可以追溯到古希腊时期，特别是源自古希腊城邦的公民权文化传统[1]。而与个人隐私保护密切相关的最早的"戏剧化"事件应该是记载在《荷马史诗》当中。这位伟大的古希腊盲人诗人在描写"特洛伊之战"时所刻画的"阿喀琉斯之踵"，就是这位半神半人的古希腊英雄最大的个人隐私。这是不是与中国武侠小说中描述的众侠客的"命门"有着异曲同工之妙？"荷大诗人"还给当今世界的隐私保护领域（以及计算机安全领域）留下了脍炙人

图 3.1　以色列特拉维夫大学计算机木马病毒雕塑

1　参见 Isin (co-editor), Engin F.; Turner (co-editor), Bryan S. (2002). Handbook of Citizenship Studies. Publisher: Sage Publication UK: 1 edition.

口的"特洛伊木马",这也是当今数字时代永远都无法完全堵上的"阿喀琉斯之踵"。图3.1就是位于以色列特拉维夫大学校园的一个关于特洛伊木马的现代雕塑,由数千件被计算机病毒感染了的计算机屏幕、主板、芯片组成。

除了上述神话传说之外,西方关于隐私保护的理念源自何处呢?有研究者认为,现代个人隐私权利的发源地美国"对于隐私采取的态度,源自西方政治历史中古希腊时代限制当局对个人和团体隐私活动监控权的传统"[1]。这与第一回提到的东方的孔老夫子借用"虎兕凶猛"来制约王权的思想颇有惺惺相惜的味道。所以我们不妨再次"停下匆匆的脚步",考证一下古希腊哲学、科学中,哪些与本书的隐私保护思想以及技术有关。而一旦放缓脚步去追根溯源,人们便会大吃一惊,因为现代隐私保护的原理、方法与严密的逻辑基础就是源自古希腊。

而东方道家创立的"隐士文化"在古希腊也找到了知音。在西方,最早品尝到个人修身养性这种"隐士"的甜头,并将其上升到理论层面的古希腊哲人应当是数学这门学问的创始人毕达哥拉斯[2]。

毕达哥拉斯(Pythagoras,约前570—前497)与老子(约前571—前471)几乎同时诞生,如果那个年代的纪元是准确的话。我们来比较一下东西方这两位大师的生平将是非常有趣的:

毕达哥拉斯出生于希腊萨摩斯(Samos)的一个贵族家庭,当

1　杨盛达、王光辉《我国个人隐私权保护所宜借鉴的理论模式——以三种美国理论的比较与借鉴为中心》,《法学论坛》2010年第5期,64-69页。
2　毕达哥拉斯远不只证明了我国古代数学称为"勾股定理"的几何命题,他最大的贡献其实是开创了"数"的学问和逻辑推理体系。这就是我们今天所称的"数学"。

然也有一种完全不靠谱的说法，把他赞誉为太阳神阿波罗的儿子，对此估计他会含笑默认（看来"拼爹"的风气古今中外概莫能外）。

老子的家庭出身不详。一说他是公牛神化气，寄胎于玄妙王之女理氏腹中（那么他岂不是成了中国版的耶稣？），是理氏吃李子后怀胎九九八十一个月而生[1]。总之，老子的出生都是神话传说，所以更不靠谱。

老子是一个"独行侠"，虽然传说函谷关城那位"城防司令"受他感召立马辞去了"公务员"的职位，给"李老师"当了牧童一道远走他乡，但在正史当中没有记录任何一个衣钵传人。还有一种说法是孔子曾见过老子并与他切磋过武功（即通常说的"孔子问礼于老子"[2]，但为什么不是问道于老子呢？）。孔子虽然也与毕达哥拉斯和李耳同岁，但道家和儒家在哲学观点上，一个劝人出世，一个非要入世，南辕北辙。因此在那中华文明"百花齐放、百家争鸣"的璀璨年代，二人坐而论道，礼尚往来是有可能的，但从来没有哪部史书将孔子列为老子的学生。总之，杏坛之下从未见过老子的身影，史书上也没有提到谁是老子的亲传弟子。

而毕达哥拉斯则可以称得上西方世界最早的"帮派头目"、袍哥老大。说"毕老师"是"江湖上飘的大哥大"倒也没有冤枉他，因为他给自己的徒弟们（后来我们文雅地称为"毕达哥拉斯

1　《上元经》："李母昼夜见五色珠，大如弹丸，自天下，因吞之，即有娠。"

2　《史记》中有这样的记载："孔子适周，将问礼于老子，老子曰：'子所言者，其人与骨皆已朽矣，独其言在耳。且君子得其时则驾，不得其时则蓬累而行。吾闻之，良贾深藏若虚，君子盛德，容貌若愚。去子之骄气与多欲，态色与淫志，是皆无益于子之身。吾所以告之，若是而已。'"

图 3.2　古希腊毕达哥拉斯学派
授课场景

学派"¹) 订了许多稀奇古怪的规矩，如不准吃豆子，不要迈过门槛，不准吃白色的公鸡，东西掉了不要捡起来，不要在大路上行走……²真不知道他这个帮派聚会时是怎样一种有趣的场景，也许那个时候的人们可以很容易在雅典的大街上认出这些故作神秘的贵族子弟吧。

　　"哇！帕帕多斯，听说毕老师又要给他的学生们讲他新发现的质数了？"

　　"是吗？苏格拉拉。我怎么听说他最近脾气很大，因为有个不孝学生找了一个不是整数的怪数字出来呢？听说今天还要动用帮规大刑伺候呢。"³

　　总之，从仪式感来看，毕达哥拉斯学派很像中国古代的墨家学派⁴。他们的行事风格往往都"故作神秘"，这也许算是保护门派（帮派）隐私的手段吧。当然，用现代的话讲，这叫保护一个机

1　The Pythagorean School. 现代数学，特别是"数论"这一古老分支的发源地。

2　[英]罗素著，何兆武、李约瑟译《西方哲学史（上卷）》，商务印书馆，1963年。

3　无理数是数学历史上最著名的一次发现，而最早的发现者希帕索斯（Hippasus）据说被其师兄弟们扔进了大海，因为他的发现破坏了宇宙的和谐，而"和谐宇宙"是毕达哥拉斯学派研究数学的唯一目的。

4　墨家弟子也有一整套隐秘行事的规程。

构的"商业秘密"。

我们可以想象在公元前5世纪左右，中国和希腊都有不少学者（学子）在到处游学，东方有孔子带着七十二贤徒到处"串门"倾诉他的治国之策，墨子带着弟子们四处飞檐走壁、除暴安良，而老子虽然独善其身，泥牛入海，但庄子以及后来的道家弟子们也在纷纷著书立说，阐述悟道成仙的学问……一句话，中国古代的哲学思想主要是探索"人、人心、人性"。在"儒释道三教合一"的中国特色宗教当中，处处可见"修身养性"和"隐士"文化。我们可以把这种文化元素当作现代隐私文化的萌芽与胚胎。

图 3.3 西方数学之父毕达哥拉斯

而同一时期的欧洲大陆爱琴海岸，毕达哥拉斯也开始了他的求学之路。他先后到过埃及、巴比伦和印度[1]。与东方大贤们到处兜售"治国良策"、行侠仗义，或者教人入世又出世不同，毕达哥拉斯"自由行"最重要的一站是古希腊文明的发源地米利都，他是去那里探讨人与自然的关系，探索科学问题，寻求宇宙间的终极真理的。而他最终确立的真理是："万物皆数。"是的。数作为一

1　毕达哥拉斯是否到过东方，这一点学术界尚有争议。

门学问——数学，是从古希腊的毕达哥拉斯开始的。而数学发展到今天，已经成为一切自然科学和部分社会科学的基石。而毕达哥拉斯学派在研究数学的时候采用的基本方法——公理化路线，则深深地影响了整个自然科学领域。更让人惊讶的是，这种思想也会出现在隐私保护法律这一社会科学领域中。我们将在本书后面的章节中切实地感受到这一点。

由于当初"毕老师"留学的目的地——米利都在整个西方文明史中是如此的重要，所以我们不妨又来看看这段历史（不是野史！），看看米利都又是一个什么神奇的地方。

第四回　开天地　希腊先哲设杏坛
铸传统　逻辑学派定基线

　　始建于公元前1500年左右（大致是古代中国商朝时期）的古希腊城邦米利都[1]，位于流入爱琴海/地中海的米安德尔河口，罗马帝国时期纳入意大利版图，所以后来欧洲文艺复兴的火种首先点燃于意大利也不是没有道理的。到了公元前8世纪左右[2]，这座规模与中国宁波一样大小的滨海城镇已经成为古希腊的工商业和文化中心。我们可以想象，当年在米安德尔河港口，满载着橄榄、蜂蜜和葡萄酒的快船不断横跨爱琴海前往雅典卫城（Akropoli），前往奥林匹亚山，供祭司们拜神，供贵族们狂欢。如同盛唐时代

图 4.1　古希腊文明发源地——米利都

1　米利都后来长时间属于罗马帝国，现在属于土耳其。
2　在中国，东周取代西周，周天子的权威逐步式微，例如周幽王烽火戏诸侯，春秋战国时代来临。

一样，惬意、富庶，又不失惊心动魄的生活[1]也在极大地促进米利都的文化发展。这时，米利都的三位市民，也是古希腊文明史上著名的"三剑客"（米利都学派，也称为爱奥尼亚学派）闪亮登场了。他们分别是教授师父泰勒斯（Thales）、博士徒弟阿那克西曼德（Anaximander）和硕士徒孙阿那克西美尼（Anaximenes），当然，还有后来游学此地之后又自创一派的留学生，伟大的毕达哥拉斯。对于古希腊文明乃至整个西方文明而言，米利都学派的诞生，就好比老子的道家、孔子的儒家对东方文明的影响一样大。

图4.2　米利都学派创始人泰勒斯

米利都三师徒好奇于变幻无穷的星空，思考着宇宙起源和世间万物的根本。泰勒斯甚至预测了一次日全食！作为一个对比，中国古代天文学非常发达，例如当代著名的"夏商周断代工程"就是凭借古代天文学关于哈雷彗星[2]的记载而确定了武王伐纣的

1　米利都的平民工商业者与权贵、海盗们的惨烈斗争也不时上演，"梦里依稀慈母泪，城头变幻大王旗"是这种城镇的常态。参见[英]罗素著，何兆武、李约瑟译《西方哲学史（上卷）》，商务印书馆，1963年。
2　哈雷彗星每隔78年就回归一次地球，从而为反推武王伐纣提供了准确的年度表。

具体时间的。宋朝关于人类历史上最大一次超新星爆发的记载，也为世界古天文学研究提供了极为宝贵的史料。但是令人颇为遗憾和深思的是，我们国家古代天文学主要是"记载、记录"，而泰勒斯师徒却对天文现象进行了建模和预测。这些模型尽管不一定准确[1]，但从思想方法上来讲，却开启了逻辑推演的先河。

米利都学派的传奇是如此精彩，本回难以窥其全貌，我们这里只能"挂一漏万"地总结一下。首先，米利都学派与他们伟大的希腊先贤、游吟诗人荷马挥手告别，"将古希腊神话与科学区分开来，神话归神话，传说归传说，哲学归哲学"[2]。米利都学派这种将神话与科学（那时候叫哲学）分开的重要意义在于，宇宙万物当中，凡事不归于神，而是有自己的终极真理。而人类的工作就是去寻找、检验这些大自然的真理。这种光辉的思想在两千年后的欧洲文艺复兴时期浴火重生。

其次，米利都学派开启了逻辑哲学的时代。例如泰勒斯的"水论"，即万物生于水。水就是万物之根本，并以此来进行逻辑推理，说明世间万物是如何从"水元素"开始的[3]，以及阿那克西曼德的混沌理论、阿那克西美尼的"气论"[4]等。由此可见，在古希腊文明、中国古代文明发轫之初，人们对世间万物终极真理的追求是何其相似！我们可以把这种方式称为现在大家都熟悉的一种

1　例如古希腊"地心说"的模型，刚开始还可以比较准确地预测日出月落，但随着天文观测的扩大，就显得力不从心了。
2　[美]克莱因著，张理京、张锦炎、江泽涵译《古今数学思想（一）》，上海科学技术出版社，2002年，166-167页。
3　宇宙万物由金木水火土组成，这种五行思想在中国古代朴素唯物主义思想家当中也屡见不鲜。
4　这是不是与"道生一，一生二，二生三，三生万物"有点类似呢？

名称：科学的假设。这种科学的方法论也将惠及今后人类的隐私保护，无论是本书后面要介绍的所谓"公平信息实践原则"，还是隐身保护的核心技术，读者处处可以看到古希腊这种"科学假设"和"公理化"的思想火花在闪耀。

最后一点，罗素指出："米利都学派的重要性，并不在于它取得的成就，而在于它所尝试的东西……泰勒斯师徒三人的思考可以认为是科学的假说，而且很少表现出来夹杂有任何不恰当的神人同体的愿望和道德的观念。他们所提出的问题是很好的问题，而且他们的努力也鼓舞了后来的研究者。"[1] 本书后面将一次又一次地提到这一伟大的贡献。

而在众多受到米利都学派鼓舞的后来者中，有一位就是上一回的主人公毕达哥拉斯。

现在的史料无法向我们展示毕达哥拉斯去米利都学习了些什么具体的内容[2]，但有一点大致没有错，那就是他大量吸收了米利都学派的哲学观点，包括米利都学派从埃及人那里继承过来的几何学，这后来成了毕达哥拉斯学派的核心内容之一，并最后在欧几里得那里得以集其大成[3]。另一方面，也许他认为自己是太阳神阿波罗的嫡系子孙，所以对古希腊的古老宗教——俄耳甫斯（Orpheus）教也非常推崇并将其引入了希腊哲学[4]。

俄耳甫斯教中有一个术语：theory，专门指举行神秘"圣礼"时营造出来的所谓"激情状态"，是教徒们所追求的与神合而为

1　[英]罗素著，何兆武、李约瑟译《西方哲学史（上卷）》，商务印书馆，1963年。
2　但肯定不是现在到处贩卖的各种辅考资料、奥数补习班，或《你必须掌握的100个成功秘笈》诸如此类的垃圾。
3　还记得初中开始学的欧式几何（平面几何）吗？
4　谭鑫田等《西方哲学词典》，山东人民出版社，1992年。

图 4.3　俄耳甫斯教 "沉思" 场景

一的那种沉醉境界[1]。英国哲学家弗朗西斯·麦克唐纳·康福德（Francis Macdonald Cornford）对俄耳甫斯教的theory的评价是"热情而动人的沉思"[2]。换句我们中国人最容易理解的话来讲，那就是"悟道"！是悟道后的豁然开朗！怎么样？对这个境界是不是有点熟悉？theory是不是与我们东方的隐士哲学心灵相通？

　　而对毕达哥拉斯而言，这种宗教性的、顶级的"激情而动人的沉思"则是理性的，其结果是得出数学的知识（不知道这是不是古希腊文明与东方文明在数学上的一个分水岭）。所以，通过毕达哥拉斯主义的传播，我们现在才有了"定理"（theory）的近现代含义[3]。这种体验，对于数学爱好者来说是妙不可言的，而对于被应试教育压垮了的很多中国学生而言，则是茫然，甚至是痛苦的。

1　估计有点类似于我们在影视作品当中看到的那些半仙们在跳大神："天灵灵地灵灵，太上老君急急如律令……"

2　[英]弗朗西斯·麦克唐纳·康福德著，孙艳萍、石冬梅译《苏格拉底前后》，上海人民出版社，2009年。

3　[英]罗素著，何兆武、李约瑟译《西方哲学史（上卷）》，商务印书馆，1963年。

行文至此，我们现在可以对古希腊文明，特别是毕达哥拉斯学派对隐私及隐私保护的渊源做一个小结了。

毕达哥拉斯从俄耳甫斯教那里借鉴了 theory 的仪式，但又赋予了它新的含义。这种理性思考的境界与东方哲学的悟道类似。而且在西方文明当中，它最终演变成了对自然界本身进行探索的工具。这种方法论式的伟大贡献，为今天包括隐私保护技术在内的科学技术提供了强大的内生驱动力。

毕达哥拉斯创立的数学，对本书的主题"隐私保护"，特别是现代隐私保护技术（抱歉，对隐私信息的攻击技术也源于此）的影响也是深远的。如同古代东方儒家文化所倡导的那样："万般皆下品，唯有读书高。"毕达哥拉斯及其弟子们认为"万物皆下品，唯有数学高"，数是宇宙间一切之一切的终极真理。而他们所开创的数学理论，也就是我们今天称为"数论"的这门学问，是现代加密技术的基础。而没有密码技术，所有隐私保护技术"都是在耍流氓"。读者在本书下篇将会看到密码技术在隐私保护领域当中关键的应用。

即将结束古代东西方文明的巡礼之前，让我们站在更长的时间长河来跳跃式地审视一下与隐私相关的历史镜头吧。

如果说仓颉早在公元前就创造出了"隐""私"二字，那么英文"隐私"的对应词"privacy"（源自"private"）出现的时间则要晚得多，大致在公元1400—1450年间。这个时候正是欧洲"中世纪的黑暗"末期，是"黎明前的黑暗"。刻板、僵化的基督教宗教氛围制约了人们的思想，规约了普罗大众日常生活的一举一动，让人窒息。即使有些什么个人的隐私，基督教也鼓励信徒们去向神父告解，求得主的宽恕，如同电影《非诚勿扰》中的主人公秦奋那样。

　　而1405年的中国，郑和首次下西洋。1433年，当时堪称世界第一的明帝国庞大的舰队最后一次归航封港，我们这个曾经创造了灿烂文化的民族从此进入闭关锁国的时期。然而欧洲的中世纪黑暗即将结束，曙光即将降临：1451年，一名叫哥伦布的意大利人（古希腊人的后裔吧？）呱呱坠地，世界即将进入"地理大发现"时代。而一年之后，达·芬奇也来到人间，欧洲文艺复兴的号角即将吹响。

　　让我们再把目光投向隐私保护的正式诞生地：北美。1450年的北美大陆，近3000万印第安人分布在近2500万平方公里的土地上，这相当于把重庆市的人口分布在整个苏联（不是俄罗斯）的国土面积上。彼时彼刻，淳朴的印第安人正在安享着他们"民族的晚年"[1]。男人们穿着兽皮遮挡着身体挥舞着弓箭，呜呀呀地呼喊着追逐着成群的北美野牛。女人们则像我们人类的共同祖先露西一样，穿针引线、生火做饭、哺育后代，过着简单快乐，但也没有什么个人隐私的原始共产主义的生活。他们丝毫没想到再过40年哥伦布会"拜访"这块人间净土，并将彻底改变这个印第安民族的命运，把富饶美丽的北美大陆的隐私彻底暴露在光天化日之下……图4.4刻画的就是17世纪英国著名航海家亨利·哈德森（Henry Hudson）驾驶三桅帆船进入北美大陆一条内河探险的场景。岸上的印第安酋长正一脸茫然地望着这个庞然大物。后来这条河被命名为"哈德森河"，她围绕着纽约市蜿蜒而过。而我们隐私保护的第一个主人公就与这座城市密切相关。

1　当欧洲殖民者踏上北美大陆这块宝地之后，印第安人自由自在的好日子就到头了。

图 4.4　英国航海家亨利·哈
德森进入北美大陆

接下来就让我们再次将时光的车轮向后拨 500 年吧。来看看
19 世纪末的北美是如何产生人类历史上第一个明确的隐私权理
念的。

第五回　瓦律师　冲天一怒为私权
　　　　保隐私　法律概念降人间

　　1865年4月9日，在美国弗吉尼亚州首府里士满[1]，南军指挥官罗伯特·李将军向北军司令尤里西斯·辛普森·格兰特交出了佩刀，标志着美利坚合众国历史上唯一一次内战[2]，以代表先进生产力的北方资本主义各工业州全面战胜南方落后的各蓄奴州而宣告结束。随之而来的是美国930多万平方公里的土地上开始进入全面"战后重建时期"。这期间社会生产力得到了极大的恢复和解放。而此时美国的新闻报业成为主要的产业。据统计，从1880年至1900年短短20年，仅仅日报类报纸就翻了一倍多，从971种增长到2226种。作为对比，2016年全美的日报类报纸为1286种，

图5.1　纽约街头支持国家统一大游行

1　美国内战期间是"南方联盟"的首都。
2　图5.1刻画的是内战爆发前一天，1861年4月11日在纽约街头人们举行的支持国家统一大游行。

比一百多年前减少了近50%。19世纪末，日趋活跃的新闻媒体满足了当时全美社会经济生活不断增长的"信息饥饿感"，影响着美国的政策制定，也影响着民意，并在随后美国逐步成为世界性大国和强国的历程当中扮演了极为重要的角色。但另一方面，为了适应激烈的竞争，新闻媒体的各个版面也越来越多地充斥着各种八卦花边新闻以吸引读者的眼球，"鱼龙混杂、泥沙俱下"。作为一个典型的例子，人们不难从美国著名作家马克·吐温的《竞选州长》[1]这篇名著当中体会到那个年代美国新闻媒体爆料个人隐私的杀伤力有多大。时至今日，西方公众人物，特别是政治人物的私德依然会被新闻媒体放到"显微镜"下仔细审视，隔三岔五给普罗大众带来饭后茶余的谈资。然而在19世纪末，普罗大众稍有不

图 5.2　《现代新闻业的邪恶灵魂》

1　"在一次民众大会上，有9个不同肤色的小孩子抱着他的大腿叫爸爸。"想必很多读者都还记得《竞选州长》里面这个著名的桥段。

慎，自己的私生活也会成为素昧平生的陌生人的笑料。图5.2是19世纪美国漫画家悉尼·B.格里芬（Sydney B. Griffin，1854—1923）的作品《现代新闻业的邪恶灵魂》，讽刺了当时因整个社会"饱暖思淫欲"而带来的新闻媒体的八卦风气。而本书的主题隐私保护则来源于两家著名的美国大报关于一场婚礼的八卦报道，进而引发了人类历史上首次关于个人隐私权的法律思考。

阿森松教堂（Church of the Ascension）始建于1844年5月，位于美国首都华盛顿特区马萨诸塞大道1225号，离著名的唐人街也就几个街区。这座具有浓郁的哥特式建筑风格的教堂属于英国圣公会教派。由于在美国内战期间这座教堂的不少教徒们的亲朋好友分属南北两方，有支持众生平等天赋人权的，有喜爱蓄奴觉得只有自己才是高人一等的，所以那时候每逢礼拜日，信徒之间少了一份人间大爱，多了几场唇枪舌剑，谁也说服不了谁，弄得人人都要划线站队，让十字架上的主耶稣也备受煎熬。多亏教堂的牧师们在战后花了不少时间来弥合信众之间的裂痕，邻里之间才慢慢言归于好。

然而在1883年的隆冬季节，有位信徒的心情却非常沮丧。萨米尔·丹尼尔·瓦伦先生（Samuel D. Warren）是波士顿一家律

图5.3 瓦伦律师——现代隐私权创立者

师事务所的创始人。在1883年1月26日那天，他的心绪如同喝下了一杯甘醇的美酒之后才发现吞了一只苍蝇。事情的起因是这样的：前一天是瓦伦先生大喜的日子，他刚刚迎娶了梅贝尔·贝亚德（Mabel Bayard）小姐。但当他读到第二天的《纽约时报》的八卦版"华盛顿社交世界"[1]刊登的他的婚礼现场，描述他心上人的身材的时候，瓦伦先生就开始有点醋意了："新娘贝亚德小姐戴着金色项链，身穿锦袍，皱褶衬裙围绕着她丰满的臀部……"如果说《纽约时报》的娱记们的用词让瓦伦先生尚且"是可忍"的话，那么当他和夫人在度蜜月的火车上读到《华盛顿邮报》关于他的婚礼现场的描述时，则已经是"孰不可忍"了。娱记们先是大事渲染这是一场"光彩夺目的新娘期盼已久的盛典，梦想与恐惧并存，悸动与暗恋同在"的婚礼，然后不无刻薄地写道："当然，还有一位是新郎。在这场盛典当中他几乎被人忽视……"[2]（我们一起来脑补一下新郎瓦伦先生读到这段文字后的面部表情……）

不过，对于《纽约时报》和《华盛顿邮报》的读者而言，他们对这两家大报的娱记热衷于报道贝亚德小姐并不奇怪，谁让瓦伦先生迎娶的新娘是美国特拉华州的一位国会参议员托马斯·F. 贝亚德先生（Thomas F. Bayard）的千金，而且这位泰山大人还竞选过总统，并且即将被时任总统格罗弗·克利夫兰指定为国务卿呢？换言之，瓦伦先生也"很不幸地"属于公众人物之一，所以逃脱不了记者们的长枪短炮的围攻。但是在接下来的几年当中（1883—1890），记者们隔三岔五就要娱乐一下他们夫妇俩的私生活，包括

1　The Washington Society World: Marriage of Senator Bayard's Daughter, N.Y. TIMES, Jan. 26, 1883, at 1.

2　A Brilliant Bridal, WASH. POST, Jan. 26, 1883, at 4.

社交圈、家庭葬礼、瓦伦夫人与陷入丑闻的总统夫人的友谊……[1]
在被陌生人把自己私密的家庭生活"按在水泥地上反复摩擦"多
年之后，瓦伦先生终于对这一切忍无可忍，决定拿起法律的武器
（如果没有的话，那作为律师的他就造一支出来）保护自己的家庭
生活不受外人干扰。瓦伦先生"冲天一怒为隐私"，奋笔疾书，最
终诞生了人类历史上第一个正式的公民"隐私权"的法律概念。

　　1890年，瓦伦先生和他的律师事务所合伙人路易斯·布兰
迪斯写了一篇《隐私权》(*The Right to Privacy*，全文仅有7200多
字，由布兰迪斯执笔）的短文，发表在著名的《哈佛法学评论》
(*Harvard Law Review*)[2]上。

　　两位学者首先介绍了这样一个基本原则：每一个独立的个人
都应当有权保护自己及自己的财产。然后他们指出这一基本权利
随着社会政治、经济和时代的变迁，其内涵也不断发生变化。接下
来，作者回溯了美国现有的法律体系框架是否能够给普通人提供
这种权利。首先是"生存权"(The Right to Life)，并由之扩充到
私有财产（有形资产）的保护；进而分析了诽谤罪、知识产权保护
等已有的法律条款是否满足上面提到的基本原则。最后他们的结
论是，目前美国的法律体系框架当中，按照美国密歇根州大法官
托马斯·麦金泰尔·库利（Thomas McIntyre Cooley）的提法，缺
乏给个人提供一个"独处的权利"(The Right to be Let Alone)
的法律。通俗地讲，就是人人都应享有不受外界打扰的权利并受
到法律保护。顺便说一句，这篇文章的基本思想与中国古代真正

1　Amy Gajda, Illinois Public Law and Legal Theory Research Papers Series,
Research Paper No. 07-06, November 1, 2007.
2　4 Harvard L.R. 193 (Dec. 15, 1890).

图 5.4　路易斯·布兰迪斯

的隐士们所追求的人生目标可谓不谋而合[1]。

　　瓦伦和布兰迪斯的这篇开山之作对后来欧美各国有关个人隐私法律的制定产生了巨大的影响，并被世人誉为"在美国法律史上最具影响力的论文之一"[2]。

　　尤其需要指出的是，这篇关于"隐私权"的文章对个人财产的分析也从有形资产扩充到了无形资产。而且在酝酿和写作的过程中，还受到当时出现的新兴科技——摄影技术的影响，即照相机对个人隐私保护提出的挑战。换成今天时髦的话讲，就是"无图无真相"。这其实已经触及今天人们通常说的一个概念：个人隐私数据应该怎么保护？

　　所以，下一回我们来谈谈当代科学技术的进步对个人隐私保护的巨大冲击[3]。

1　著名的"竹林七贤"之一的嵇康就是因为坚辞司马昭邀其出山为官，最后为同人所妒诬告，被朝廷迫害致死。可以说他用生命捍卫了"隐士"的荣誉。
2　Susan E. Gallagher, Introduction to "The Right to Privacy" by Louis D. Brandeis and Samuel Warren: A Digital Critical Edition, University of Massachusetts Press, forthcoming.
3　正如本书反复强调的一点，技术本身是中立的，用到正道上就是保护个人隐私，用到歪路上，就是伤害个人隐私。

第六回　追真相　柯达公司供胶卷
　　　　　定错位　贝尔公司传流言

　　"您只管摁下按钮，其他的事情交给我们。"这就是瓦伦先生那个年代的柯达公司的广告词。柯达公司成立于1880年，总部设在纽约罗切斯特。人们不妨想象一下那些冒着青烟、噗嗤噗嗤作响的镁光灯给瓦伦先生一家带来了多少困扰。娱记们只需轻轻摁下按钮，有图有真相，公众们就负责阅读"瓦伦们"的一切隐私，报纸的销量就大涨。这种场景，今天生活在互联网时代的人们也很熟悉吧？不是吗？到处都是悄然无息的摄像头，而且无须冒青烟，就能记录下每个人"行走江湖"的所有细节。这些摄像头在为人们的公共安全提供保障的同时[1]，又如何保护个人的隐私权

图 6.1　19 世纪柯达公司的广告

1　如果遍布大街小巷的各种摄像头所采集的视频数据，保存在立法机关授权的机构里，那么人们可以认为这些数据的安全以及涉及的个人隐私具有一定保障。但如果其他的机构或企业也具备这样的能力呢？

利呢? 我们的法律应该如何界定和管辖这条"公"与"私"交织在一起的数据长河呢?

还有一项新兴技术, 估计瓦伦先生当时尚未想到, 但却在一百多年前就埋下了当今世界挑战隐私保护的伏笔。那就是全球电信产业的鼻祖, 同时代、同地点诞生的贝尔电话公司[1]所开设的电信业务[2]。

19世纪末20世纪初, 北美大陆已经拥有全球首屈一指的电话通信网。据统计, 美国家庭电话安装数量从1880年的不到5万部, 猛增到1904年的300万部。作为对比, 在那个时代960万平方公里的中华大地上还只有一条全长不过10余公里的电话线, 即慈禧太后历经"八国联军侵华战争"之难后, 与光绪皇帝从西安銮驾返京, 才开始体会到这个现代"顺风耳"在快捷处理军国大事时的好处, 于1902年搭建了北京外务部(外交部)至颐和园步军衙门公所(相当于总参谋部)的专用电话线。

图 6.2　清代电话交换局

1　贝尔电话公司1877年成立于波士顿。本书关于这家传奇的电信企业的故事将会多次出现, 而且都对今天的信息时代和个人隐私保护产生了深远的影响。

2　柯达公司居然又与瓦伦先生的律师事务所以及刊登他们论文的哈佛大学"同城相敬"。读者将会不断地看到, 华盛顿、纽约、波士顿, 这三座美东地区紧密相连的"吉祥三宝"城市演绎了隐私保护中许许多多多的故事, 真称得上人杰地灵啊。

尽管那个时代美国的电话网络雄踞全球，但人们通话的时候却要依靠人工进行转接。图6.3是当时电话交换机操作员的一张图片，顺便说一句，这也是英文"operator"的原意。但仔细观看这幅老照片，人们可能会发现有什么不对劲的地方，怎么全是小帅哥在当接线员啊？20世纪五六十年代出生的一代人多半还会记得一部苏联老电影《列宁在十月》，里面讲到起义部队即将攻占冬宫的时候，电话总台的接线生女士们一个个吓得花容失色，一位政府官员对着电话大喊"小姐们都晕过去了……"[1]

图6.3　19世纪电话公司男接线生

而电信历史上的电话接线员从"小鲜肉"变成"小仙女"，却和本书的主题——隐私保护密切相关。这又是为什么呢？最初贝尔公司录用的电话接线员确实是清一色的年轻小伙子，因为公司人事部门认为年轻小伙子们喜欢这些新颖的技术，动手能力也强。然而他们没有料到的是，由于那个时候接线员需要一直保持"监听状态"，即来电一方首先呼叫接线台，告知接线员希望通话的对方号码之后，接线员就将插头插入接受方的线路，然后"不得不旁听"，以便在通话双方结束谈话后抽出接线头，供下一个通话客户使用。而这种被迫"洗耳恭听"张家长李家短的日常工作，

1　这句话也是20世纪70年代老电影的经典台词之一。

对于天性好动的小伙子们无疑是一种"折磨",时间长了之后就开始"动歪脑筋使阴招"。例如詹姆斯太太经常喜欢与杜克夫人聊一聊蕾丝小姐的八卦,而说不定接线员当中就有暗暗喜欢蕾丝小姐的小哥。于是下一次詹姆斯太太再来电话找杜克夫人"谈谈最近令人担忧的社区风气"的时候,这位小哥并未接通杜克夫人的号码,而是转接给了蕾丝小姐。而电话那头不知就里的詹姆斯夫人一听电话接通之后,就急不可待地说:"杜姐啊,你知道不?今天早上蕾丝那个小娘们儿……"据称,贝尔公司因此收到大量的顾客投诉。因此,严格来讲,这群年轻小伙子们算是侵犯了客户的隐私,而且在计算机安全历史上,他们被称为"第一代黑客"。为了平息顾客的愤怒,后来各家电话公司都改为雇用那些安安静静、口风也很严实的女孩子来当接线员,因为女生天生就是保守秘密的最佳人选。

图6.4 女电话接线生

尽管今天的人们早已改用智能手机,电话交换机也早就变成了自动程控交换机[1],但世界各国的不法分子针对普通公民电话

---

1 著名的华为公司最早就是从研发具有我国自主知识产权的电话自动程控交换机开始一步一步走到现在的。

信息的泄露以及由此而带来的电话诈骗犯罪却成为一大公害。对此相信不少读者都会感同身受。真可谓"技术本是双刃利剑，鱼与熊掌难以两全"。

在本篇结束之前，让我们对19世纪末那个神奇的年代以及神奇的地方进行最后一次回顾吧：瓦伦先生在哈佛大学校刊上发表了隐私权的传世之作，而与哈佛大学隔河相望的还有一所"技工学校"，名为麻省理工学院（MIT）。这所"技工学校"以"既动脑，又动手"为校训，所以坊间流传着"哈佛的学生不会算，麻省的学生不会写"的笑话。而MIT的师生们也注定会在人类网络安全的历史上不断创造出辉煌，并对数字时代的隐私保护产生深刻的影响，包括两千多年前毕达哥拉斯学派创立的数论都会在他们手中焕发出璀璨的光芒，并被今天的人们广泛用于保护自己的隐私。当然，这要等到20世纪70年代之后。

另外值得一提的是，在瓦伦先生创立个人隐私权保护的1890年，清朝这个中国历史上的最后一个王朝正在由盛而衰。300万年前在歌乐山脚下顶着长角啃着青草的大犀牛早已不见踪影，依山而建的城市，名叫重庆。这座"双重喜庆"的城市也在1890年正式开埠。朝天门的石阶上有川流不息的客商和挑夫，挑夫中的

图6.5　四川袍哥帮会

骨干是广布巴蜀大地的袍哥帮会。这个帮会有着严格的帮规和暗语，有效地保护着自己这个帮派的隐私[1]。

6年后的1896年，由于大清帝国的"隐私"被泄露[2]，甲午海战失败，进而中华民族陷入无底的深渊。

46年后的1936年，英伦三岛一位"骨骼清奇"的帅小伙发表了《论可计算数》的文章，从而奠定了现代计算机的理论基础。

76年后的1966年，MIT的学生们正在计算机上开发游戏，"顺便"研发计算机病毒。

86年后的1976年，还是MIT的三位青年侠客，带来人类密码学历史上的一次翻天覆地的革命，从而让个人隐私保护上了一个全新的台阶。

站在人类历史长河的彼岸，我们是否可以这样乐观地预测：人类的隐私保护从此将进入全新的时代？

很遗憾！读者将会看到，只有在"岁月静好"的和平年代人们才会谈到个人隐私保护及其相关的法律法规和保护技术。而在此之前，我们不得不先经历人类历史上最为惨烈的世界大战。等到战争结束之时，人类隐私保护的内涵和外延又将发生巨大的变化。

这又是为什么呢？

1　不过到了清帝国的晚期，虽然袍哥们还打着"反清复明"的旗号，但论理想，它已不如先秦的墨家弟子；论境界，它更不如古希腊的毕达哥拉斯学派；论手段，它又不如西西里半岛的"麻匪牙"（黑手党），所以响亮的口号下面主要还是袍哥们自己的私利。

2　1894年甲午海战之前，清廷与日本政府之间关于朝鲜半岛展开了一系列外交磋商。而清廷驻日公使汪凤藻将双方磋商的内容加密之后，拿到日本东京电报局通过电报发送回国。由于日本在这些重要的部门都安插有眼线，因此将清廷公使的加密电报与双方协商的明文内容进行对比，就破译了清廷的外交密码。中国的国运由此开始加速衰败……

第七回　话古今　历史物证存久远
　　　　　谈科技　未来数据代代传

　　正如本书前面几章谈到的，人类自古以来就有保护自己隐私的传统，无论是古希腊的毕达哥拉斯学派，还是春秋战国的墨家学派；无论是达官贵人，还是市井百姓，都不希望自己的个人隐私成为别人的谈资（当然与此同时很多人也希望窥探议论别人的隐私）。说一句对人类不敬的话，"每个人都全力保护自己的隐私与有些人竭力打探别人的隐私"这一对矛盾体大概也是我们这种智慧生物群体区别于地球上其他生物群体的一大特征吧！

　　但另一方面，如果从人类历史长河的角度来看，从事某些领域工作的人群，则又是专门以探究别人隐私为职业，而且还对人

图 7.1　阿基米德之死

类有大贡献！例如考古学家、历史学家等。想象一下，如果今天人类拥有了时光穿梭机能够回到从前，那么兴奋得手舞足蹈的恐怕首推那些考古学家和历史学家们了：老子骑着青牛出了函谷关之后去哪儿了？毕达哥拉斯学派真的是那么神神秘秘的吗？阿基米德被罗马士兵杀害的时候，真的说了那句"让我算完最后一道题"吗？埃及艳后漂亮还是伊丽莎白·泰勒更美？犹大在最后的晚餐上见到耶稣是什么表情？牛顿真是坐在那棵苹果树下被砸了一下脑门儿之后就豁然开"挂"了吗？姜子牙钓鱼的鱼钩真是直直的吗？西施和范蠡最后真的归隐江湖了吗？刘备真的三顾茅庐了吗？王羲之的《兰亭集序》真的被武则天带入陵墓了吗？……千万别以为只有作者才有这种"历史八卦"的嗜好。真要是能够看到这些场景，那对人类的历史或科技发展史会带来多大的影响啊！

图 7.2　传说中砸中牛顿的苹果树[1]

　　但很遗憾，上面的场景仅仅停留在人们的幻想或者科幻电影当中，除非我们这个宇宙的物理定律被彻底颠覆，真正能够超过

1　剑桥大学三一学院苹果树。相传牛顿就是在这棵树下被苹果砸中后顿悟的。

光速让人们回到过去或者在平行宇宙当中来回折腾，否则我们这个地球上的人类将永远无法知道上述场景的真相。但是，今后我们的子子孙孙也会延续我们现在的遗憾吗？

从20世纪开始，特别是第二次世界大战之后，关于人类历史的记录方式就在悄然发生变化。今天人们只要愿意，就可以留下他的音容笑貌，供后世的考古学家和历史学家们参考[1]，或者用于写自己家庭的数字家谱。人们完全可以设想这样一种场景：500年后的公元2519年，每家都有一个属于自己家庭隐私的数字家谱馆（当然，前提是那个时候家庭依然存在。但如果家庭都不存在了，家庭隐私保护又有什么意义呢？），并在太阳系的不同"星云"上存放了若干个备份，而所有这些前辈祖先的数字影像都经过层层加密，并用跨越时空的区块链技术进行了家族成员的认证。这，并非科幻，而是已经或即将能够实现的。

图7.3　平行宇宙想象图

上面这一段天马行空的描述背后其实隐藏着涉及个人隐私形态的一个划时代的、根本性的变革——一场新的技术革命早已悄然来临！

1　如果500年之后还有考古学家和历史学家这种职业的话。

纵观世界各国有关个人隐私保护的法律法规的出台时间，人们可以发现这样一个非常有趣的现象，那就是自从19世纪末瓦伦等提出了隐私权这个概念之后，法律上面并没有进一步跟进和完善。人们似乎遗忘了这个事情，在随后整整80年间没有哪个国家认真对待过隐私保护，直到20世纪70年代才出现一个分水岭，欧美各国不约而同地纷纷开始推出一系列有关个人隐私信息保护的法案。个中缘由其实也很简单，那就是20世纪前半叶，这个星球经历了人类历史上最大、最惨烈的两次战争：第一次世界大战和第二次世界大战。战乱期间，生存权第一，类似于个人隐私保护这种只有在"岁月静好"的年代才能被提上议事日程的"雅趣"，自然暂时无暇被顾及。

但为什么不是战争结束之后，特别是第二次世界大战结束后的五六十年代，而是20世纪70年代欧美各国才开始关注个人隐私法案的制定呢？这个问题其实涉及现代隐私保护的一个核心驱动力（甚至是唯一的驱动力）——信息技术的发展与大规模的社会应用。而信息技术则又是第二次世界大战的"科技红利"衍生出来的成果，只有当人类感受到信息技术的飞速发展对个人隐私保护带来无法忽略的威胁的时候，法律才开始登上舞台。

在展开本书一段精彩纷呈的"折子戏"之前，我们不妨先看看现代人如何界定什么样的个人隐私需要保护。首先，在信息时代，人们的工作、生活都越来越数字化了，因此说到保护个人隐私，往往是指保护个人的隐私信息/隐私数据。或者反过来讲，如果能够对自己的隐私信息加以妥善保护，那就相当于给自己的个人隐私筑上了一道坚固的防火墙。我们不妨来看看我们国家的法律法规当中涉及个人隐私信息的例子。2009年2月28日通过的

《刑法修正案(七)》规定:"在刑法第二百五十三条后增加一条,作为第二百五十三条之一:'国家机关或者金融、电信、交通、教育、医疗等单位的工作人员,违反国家规定,将本单位在履行职责或者提供服务过程中获得的公民个人信息,出售或者非法提供给他人,情节严重的,处三年以下有期徒刑或者拘役,并处或者单处罚金'。'窃取、收买或者以其他方法非法获取上述信息,情节严重的,依照前款的规定处罚'。"这是我国《刑法》当中首次将公民个人信息纳入个人隐私范畴,并明确提出要追究泄露、窃取、收买公民个人信息行为的刑事责任。

图 7.4　个人海量数据隐私保护

那么关于个人隐私信息(Information Privacy),国际上一般包括哪些方面呢?

主要包括(但不限于)个人财务数据,如银行资料、存款、信用卡、有价证券信息等;个人的医疗数据,如电子病历、影像等;生物数据,如个人的基因数据等;个人地理位置信息,如个人住房、车辆信息等;网上购物信息,以及各种信仰与爱好、微信朋友圈等个人精神追求等方面的信息。那么怎样才会导致个人隐私信息泄露呢?

在2009年颁布的《刑法修正案(七)》当中,还有以下一些内容。在刑法第二百八十五条中增加两款作为第二款、第三款:"违反国家规定，侵入前款规定以外的计算机信息系统或者采用其他技术手段，获取该计算机信息系统中存储、处理或者传输的数据，或者对该计算机信息系统实施非法控制，情节严重的，处三年以下有期徒刑或者拘役，并处或者单处罚金；情节特别严重的，处三年以上七年以下有期徒刑，并处罚金。""提供专门用于侵入、非法控制计算机信息系统的程序、工具，或者明知他人实施侵入、非法控制计算机信息系统的违法犯罪行为而为其提供程序、工具，情节严重的，依照前款的规定处罚。"

上面这几段法律文字当中的关键词是"数据""计算机"和"信息系统"。正是因为这些新概念和新兴科技的出现，才使人类隐私发生了根本性的改变，才触发了隐私保护法律的诞生。下面就让我们花开两朵，各表一枝，对与之相关的典故做一个简要的回顾吧。

第八回　美少年　埋头铸造倚天剑
却可叹　洁身自好谁能解

下面就让我们把时光拉回到 20 世纪第二次世界大战刚刚开始的年代吧。

一代大侠金庸驾鹤西去，留下了许多不朽的江湖传奇，"飞雪连天射白鹿，笑书神侠倚碧鸳"。熟悉科技发展史的人都知道，19世纪末 20 世纪初被誉为物理学的黄金时期，相对论、量子力学等"武林秘笈"横空出世，颠覆性地改变了人类的认识。而在接下来的 1930—1980 年这半个世纪当中，人类科技史上又诞生了许多"武林圣僧"，撰写出若干"武林绝学"，开创了诸多"武林门派"，而正是这些科技大侠们，对今天及今后人类社会的隐私保护产生了决定性的影响。下面且听笔者一一道来：

首先让我们为本回的主人公画个像吧。他的成长过程与《笑傲江湖》中的令狐冲颇为相似，虽然也曾获得了冯·诺依曼这样的科学界泰斗的指导，但却不能算是"冯大侠"的嫡传弟子[1]。他最后取得的成功更多靠的是自己的努力和悟性。而论他的性格和长相，可能只有希腊神话里面那位美少年"纳西索斯"（Narcis-

---

1　如果不谈辈分不比年龄的话，他甚至可以说和冯·诺依曼互为师徒。这位少年的研究成果在很大程度上也启发了冯·诺依曼后来的计算机研发工作。参见《艾伦·图灵传——如谜的解密者》，[英]安德鲁·霍奇斯著，孙天齐译，湖南科学技术出版社，2015年。

图 8.1 希腊神话人物——美少年纳西索斯

sus，古希腊语"水仙花"）可以与之相媲美，因为他本身的身世就印证了"谁能说是，谁能言非？"由于他擅长长跑，据说差一点儿还入选了英国国家奥林匹克队，所以我们暂且称他为"追风少年"吧。

"追风少年"的故事要从20世纪30年代初说起，当时国际数学界发生了一件石破天惊"毁三观"的大事，其影响之深直至现在都无法解释[1]。简单地讲，就如同 "独孤九剑"的风清扬风师叔一样，虽然这位奥地利人在当时的数学界也是名不见经传，但却只用了一招"破剑式"就把自然科学的天——数学捅破了。这位奥地利数学家用严谨的数学逻辑证明了，数学本身是不严谨的[2]。有点拗口吧？再稍微正式一点讲，那就是他告诉人们"数学当中一定存在着永远无法证明其真伪的命题"（辅导孩子们数学作业的家长要小心了！）。有兴趣的读者可以去比较一下"克里特岛理发师悖论"这个典故。那么奥地利人的这个发现（不是发明，技术才是发明！）随之而来的影响有多大呢？抱歉，直至今日能够真正

1　例如它与神秘的量子物理（例如海森堡不确定性定理）又有什么内在的逻辑关系或哲学内涵？
2　形象地讲，就是数学存在自相矛盾的地方。

领会它的"毁灭性"力量的人也不多，只不过人们知道，最严谨的数学原来也有"阿喀琉斯之踵"，也就是说数学也有命门。但这个命门在什么地方呢？没人知道。也许当年数学之父毕达哥拉斯创立它的时候，欧几里得、牛顿、莱布尼兹、高斯、希尔伯特这些后代英雄们发扬光大的时候，连他们自己都不知道抓的是哪只阿喀琉斯之踵！在20世纪30年代，这位奥地利人的惊天大发现让"数学原教旨主义者"的梦想彻底破灭了，在这之前，人们自信满满地认为对于数学中的任何难题"我们都必将知道，我们也一定会知道"[1]。然而这位孤僻的学者却说："放宽心啦！没用的，尔等永远不会知道，鄙人也不知道，连上帝都不知道！"

图8.2　爱因斯坦与哥德尔漫步在普林斯顿校园

　　奥地利人写下了这封"告全世界数学同胞别书"之后就出了函谷关，呃，不对，出了奥地利海关，赶在希特勒的魔爪攫住奥地利之前远渡大西洋去找另外一个物理学圣僧去了。后来人们经常在纽约普林斯顿高等研究院的小路上看见两位"科学奇人"窃窃私语，相伴而行（图8.2）：右边这位是爱因斯坦，左边这位就是

1　这是当今公认的"数学之王"、德国哥廷根学派创始人大卫·希尔伯特的名言。他在一次盛大的科学集会上发表了这个著名的讲话，但话音未落，这位奥地利学者的报告就传到了他的耳中，据说希尔伯特伤心欲绝。

"毁了数学"的奥地利怪才——哥德尔。关于哥德尔与数理逻辑的故事非常精彩[1]，可惜与本书的主题没有直接的关联，所以笔者只好忍痛割爱，以后有机会再聊（或再也不聊）。

哥德尔的"恶作剧"虽然浇灭了不少数学家的梦想，但却启发了更多人的梦想。我们的主人公"追风少年"便是其中之一。据称哥德尔去美国讲学的时候，"追风少年"甚至像现在的歌迷一样，也远渡重洋追了过去向哥德尔当面讨教"武林秘诀"[2]。那么在哥德尔发现的金矿当中，还有哪些宝藏留给了像"追风少年"这样的追星族呢？

哥德尔不是说"数学中存在着永远都无法知道真伪的命题"吗？那么改变一下说法行不行？如果我们不说永远、不说无限，只说现在、只说有限：于是问题就变成"数学中那些在有限步骤里能证明其真伪的命题是什么呢？"

"追风少年"按照这种思路陷入了毕达哥拉斯发明的"激情而动人的沉思"。1937年，他把自己思考的结果写成一篇名为《论可计算数及在海森堡问题中的应用》[3]的学习心得，在这篇心得的脚注下面，他又补充了一些说明，用今天的话讲，给出了一个

1　有兴趣的读者可参阅20世纪80年代出版的系列启蒙著作之一《走向未来丛书》，其中有一本名为《一条永恒的金带》的小册子就是专门介绍哥德尔这个伟大发现的。也可参阅大部头巨著《哥德尔、艾舍尔、巴赫——集异璧之大成》，侯世达著，商务印书馆，1997.

2　参见《艾伦·图灵传——如谜的解密者》，安德鲁·霍奇斯著，孙天齐译，湖南科学技术出版社，2015年。

3　参见Turing, A.M. (1936), "On Computable Numbers, with an Application to the Entscheidung's problem", Proceedings of the London Mathematical Society, 2 (published 1937), 42 (1), pp. 230–265, and Turing, A.M. (1938), "On Computable Numbers, with an Application to the Entscheidung's problem: A correction", Proceedings of the London Mathematical Society, 2 (published 1937), 43 (6), pp. 544–546.

计算模型。现在大家都知道这个模型就叫"图灵机"。是的。现在让我们隆重推出"追风少年"：坐不改姓行不改名，江湖人称计算机之父的艾伦·图灵（Alan Turing）。他写下这篇计算机科学的开山之作的时候，论年龄和辈分其实就相当于现在的硕士生。"……综上所述，图灵同学的硕士论文选题恰当、逻辑清晰、层次分明、论证合理、文笔流畅，基本达到了硕士研究生的水平，同意参加论文答辩。"如果他的论文遇到现在八股之风盛行之时，估计也就是这么一个不痛不痒的评价。但时至今日，无论是传统的电子计算机，还是前几年在我们国家还冷得发凉，这几年又热得发烫的量子计算机的计算理论，都可以溯源到图灵这篇硕士论文[1]。

图 8.3　现代计算理论之父——艾伦·图灵

与我们不得不舍弃哥德尔的传奇一样，关于图灵与计算机、与德国"隐语"（Enigma）加密机的惊心动魄的斗争，以及在第二次世界大战期间盟军统帅部为了保护这个最大的"秘密"付出了多大的牺牲[2]，由于这些故事早已广为传播，加上在这些故事里面

1　严格地讲，量子计算模型已经开始突破图灵计算模型。但这是另外一个话题。
2　最经典的例子之一，尽管英国事先破译了德国空军计划轰炸工业重镇考文垂的密码，但为了保护这个最高机密，丘吉尔亲自下令不予传达，然后眼睁睁地看着德军轰炸机群把考文垂送入一片火海。

图 8.4　英国布莱奇利公园八号营房

"国家的隐私"与"个人隐私"内涵不同，而且战争时期国家隐私高于个人隐私，所以我们在这里也不得不忍痛割爱。不过，在下一回当中我们会再次短暂地看到图灵的重要贡献。

在本回结束之际，笔者讲述一个关于这位"追风少年"的小故事。读者可以自行体会为什么我们说他与古希腊美少年纳西索斯非常相像。

牛津剑桥，是不少去英伦三岛旅行的国人，特别是望子成龙的父母会特意选择的一个旅游热点。从伦敦出发，前往剑桥郡方向，坐着传统的蓝皮火车咣当咣当晃悠一个多小时，在位于伦敦与牛津剑桥的中间位置（位于伦敦西北部50英里）有这么一个庄园，名字叫"布莱奇利庄园"（Bletchley Park），这就是后来举世皆知的英国政府密码学校。图灵在第二次世界大战期间就在这里谱写传奇，发明名为"炸弹"的电子计算机，这也是世界上首台电子计算机。今天的布莱奇利庄园也是英国人民进行爱国主义教育的基地，既有白发苍苍的老兵来此忆旧，也有穿着英式公学制服的中学生来这里缅怀"二战"前辈，同时也科普密码学知识。

图灵则是这里的招牌式人物。"短暂而亮丽的一生。"在集中展示图灵相关工作的二号展厅里，这一句话凝练了这位"花儿少年"的一生。有趣的是，在所有这些展示内容当中，有一个展板似

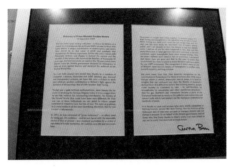

图8.5　时任英国首相托尼·布莱尔给图灵的致歉信

乎特别另类，它的重点不是战争，也不是密码破译，而是涉及图灵的个人隐私。图8.5展示的是时任英国首相布莱尔代表英国政府在2009年9月10日参加布莱奇利庄园纪念集会上的讲话[1]。下面就让我们将布莱尔这篇发言稿略为润色改造一下作为本回的结束吧，有兴趣的读者将来去英国旅游的时候，可以去布莱奇利庄园二号展厅阅读原文：

　　"女士们，先生们：经过一年时间的深思熟虑之后，我认为，对于那些曾经在这个庄园里生活和战斗过的人们而言，是时候让我们作出这样一个正式的回应了：我们整个国家亏欠他们甚多。

　　过去的一年，各种重大事件的纪念日接踵而至，让我们内心深处充满了对不列颠光荣历史的自豪与感激：今年早些时候，我与奥巴马总统等政要一起向英雄们致敬。65年前正是他们义无反顾迎着炮火冲上诺曼底海滩并付出了重大牺牲。而在上一周的9月1日，我们刚刚纪念了70年前的第二次世界大战开战日，正是英国政府和人民挺身而出反抗法西斯

1　难道布莱尔知道这一天是中国的教师节？有点意思。

的铁蹄并不惜与之血战到底。

因此，我今天站在这里，非常荣幸地表达我们对各位计算机科学家以及同志们的衷心感谢。今年也是感恩之年，我们在这里要特别感谢一位英勇的斗士，他在英国人民反抗法西斯独裁统治中作出了卓越贡献：他就是艾伦·图灵。

图灵是一位才华横溢的数学家，他最著名的工作就是破译了德国的'隐语'密码。毫不夸张地讲，没有他的伟大贡献，第二次世界大战的历史有可能重写。他就是那些为改变战争进程而发挥了独特作用的真正的无名英雄之一。但一想到他为我们所做的这一切，以及我们'以怨报德'对他所做的一切，就让我们备感羞愧。

1952年，因众所周知的原因，图灵被控'严重猥亵罪'。对他的判决是，要么成为阶下囚，要么接受长时间的化学注射以改变他个人的性取向。两年后，'质本洁来还洁去'，他毅然结束了自己年轻的生命。

成千上万的人来到这里，大家都有一个共同的愿望：对图灵当年所遭受的骇人听闻的遭遇还他一个公道。是的，当初图灵受到了'恐同'法律的判决，而我们却无法让时光倒流。那个年代他当然是遭受了极不公正的对待。但我现在很愿意有这样一个机会能够对他，以及和他一样有着同样恐怖遭遇的人们表达我们深深的歉意。我和大家一样非常高兴地看到，这些不堪回首的日子一去不复返了。而在过去12年当中，我和我的同僚们做的工作就是为了众生平等。这，姑且也算是我们对图灵这位英国历史上最著名的受害者的回报吧，尽管它姗姗来迟。

然而，图灵对整个人类作出的贡献并值得我们尊重的原因还远远不仅如此。对于我们这些在1945年之后出生的人而言，展现在我们眼前的欧洲是一个统一、民主和祥和之地。我们这一代人无法想象这块大陆曾经经历过人类历史上最黑暗的年代。今天的人们很难想象，我们的父辈居然会被戾气和仇恨充满心田。提及数百年的欧洲文明，人们往往想到的是艺术画廊、大学和音乐厅。然而谁又会想到反犹太主义，仇视同性恋，仇外心理和其他残忍的偏见，毒气室和火葬场也曾在欧洲大陆如影随形呢？

感谢那些与法西斯分子进行了艰苦卓绝斗争的男女战士们，那些像图灵一样的普通人们。正是因为他们，这些噩梦般的大屠杀才成为历史并永不再现。

在这里，我谨代表英国政府以及所有自由生活的人对图灵的伟大贡献表示深深的谢意，以及深深的歉意。你本该值得拥有更美好的生活！

——英国首相　托尼·布莱尔"

图8.6　布莱奇利公园的图灵塑像

帝王将相的千秋功罪自有人评说。而普通人的个人隐私呢？是否需要人来评说？又由谁人来说是？谁人来说非？

我们不知道图灵当年是否听说过那位美国律师瓦伦先生提出的关于隐私权的概念，关于"独处的权利"的理念。但我们有理由相信，如果他知道，他一定会非常赞同这个权利的。

"往事不要再提，人生已多风雨。纵然记忆抹不去，爱与恨都还在心里。真的要断了过去，让明天好好继续……"《霸王别姬》当中的程蝶衣最后那种没落贵族的高雅气质，那种哀怨而骄傲的眼神，那种轻柔又充满深情的动作，何尝又不是图灵当年咬下那只浸泡了氰化钾的苹果的时候，以死明志，保护自己隐私的最后的决绝表情呢？

第九回　志相同　现代密码续新弦
　　　　扫地僧　九阴九阳真经献

接下来登场的"武林门派"是位于纽约西街（West Street）的贝尔实验室。是的，它就是上文提到的发明了电话[1]，并顺带产生了第一代"黑客"的贝尔公司所属的实验室。在当今信息技术领域，贝尔实验室的武林威望高山仰止，宛如嵩山少林。读者在本书后半部分还会不断看到从这家实验室走出来的"武林大师"[2]。而贝尔实验室在当今隐私保护领域的最大贡献就是它的一位工

图 9.1　20 世纪 40 年代贝尔公司研发大楼

1　严格地讲，贝尔先生并非发明电话的第一人，但他却是近代电信产业的第一人。
2　例如采用全新的量子算法破掉当今广泛使用的密码，从而推动量子计算机研发的一位怪才。

程师一口气就写了两本"武林秘笈",一本宛如现代信息技术领域的《九阴真经》。阴,隐者,私也[1]。另一本则是信息技术领域的《九阳真经》。有道是花开两朵,各表一枝。下面我们先看看这本真实的《九阴真经》。

贝尔实验室在第二次世界大战期间主要从事军用通信产品的研发工作,例如通过横跨大西洋海底的电缆把罗斯福和丘吉尔两人联系在一起的保密电话就是贝尔公司参与研发的。这些"黑科技"如此神秘,以至于这家著名实验室有不少科技成果至今也是保密的。而在那个非常时期,贝尔实验室招聘了不少"闷声搞发明"的无名英雄,其中一位从事原子弹研发工作的工程师就曾不无自豪地说过:"我就是那位负责临门一脚突破关键技术的人,这一技术今天已经成为原子能产业的基础。我想我在贝尔实验室的任何同事朋友都不知道我成天在忙些什么。而且我作过的最大贡献他们永远也无法知晓。"而克劳德·E.香农(Claude E. Shan-

图9.2　信息论之父——克劳德·E.香农

1　当然,这本"武林秘笈"远远不止是用在隐私保护领域,它是现代密码学的基石。

non），则是这家实验室众多"隐士武僧"当中那位名副其实的"扫地僧"。尽管同事们都知道香农的武学渊源深不可测。1940年，他从麻省理工学院获得博士学位后，又在那家名扬天下的普林斯顿高等研究院中与大名鼎鼎的冯·诺依曼、爱因斯坦，以及哥德尔等现代"武学泰斗"共事过几年。加盟贝尔实验室后，香农的同事们也不知道他成天在忙些什么。只是在反法西斯战争最为严峻的1941—1942年那段时间[1]，同事们惊讶地看到一个英国高级科学家代表团前来拜访香农，代表团的首席科学家正是我们上一回谈到的"追风少年"艾伦·图灵[2]。

　　香农的同事们很好奇这位内心狂热但表情木讷的英国天才与同样沉默寡言的香工程师在实验室、咖啡屋里聊些什么？当然，如果哪位同事真是想要打听图灵和香农的私密谈话，估计第二天FBI的探员就会请他去"喝咖啡"，并告知他"你有权保持沉默，但如果你放弃这个权利，那么你说的每一句话都将作为法庭证词……"

　　1949年，美国联邦政府部分解密了香农在第二次世界大战期间的研究工作，这是一篇名为《保密系统的通信理论》（*Communication Theory of Secrecy Systems*）的论文。这是他另外一篇写于1945年的高度保密的论文《密码学的数学理论》（*A Mathematical Theory of Cryptography*）的"洁版"。即使经过了脱密处理，这篇论文依然是现代密码学的开山之作。还记得我们在前几回提到的古希腊米

1　这段时间也是同盟国与轴心国在大西洋上展开"狼群"绞杀战与反潜战最为艰苦的阶段。如果能够提前一天甚至一小时破译德军的Enigma密码，盟军都能挽救大量的生命和战争物质。
2　参见《艾伦·图灵传——如谜的解密者》，[英]安德鲁·霍奇斯著，孙天齐译，湖南科学技术出版社，2015年。

图 9.3　"风语者"国会金质奖章 [1]

利都学派最大的贡献吗？神话的归神话，科学的归科学。而香农在密码学领域最大的贡献就是"诡计的归诡计，数学的归数学"。香农在这篇文章中将人类数千年以来基于"计谋、心智和文字游戏"的密码学提升到了科学的层面，给出了科学客观地评价一个加密算法是否安全可靠、不会被对手破译的衡量标准。可能有人会认为，基于传统文化的加密术就再也没有用武之地了吗？好莱坞前几年不是还拍过一部《风语者》的电影吗？类似的故事也真实地发生在 20 世纪 80 年代我国边境自卫反击战的时候，咱们不是也用温州籍的战士来当电台通信兵，直接用家乡话给上级通报敌情，敌人听得一清二楚但却听不懂内容是啥，气得抓耳挠腮恨得牙痒痒吗？这不是密码是什么？

很遗憾，姑且不论这种"隐语"还够不上密码算法的档次 [2]，即使是很多真正的加密算法，包括古代或近代那些传统的基于

1　第二次世界大战期间，印第安"风语者"获得的国会金质奖章。
2　现代计算机的智能语音识别系统可以很快破解这种"小语种"的保密通信。将来就更不在话下。

"心计"的加密方式，在图灵、冯·诺依曼等人发明的现代计算机强大的暴力破解下，其实是不堪一击的。笔者曾经遇到过一位执着的民间密码设计爱好者，两次受托去拜访、倾听、科普和安抚他。老人家固执地认为，基于现代数学理论的密码算法都是西方阴谋家们挖的坑，只有基于"诸葛八阵图"和《易经》这些传统文化的加密算法才是安全的。其实，基于传统心智活动设计出来的加密算法，只要采集到足够多的密文样本[1]，这些没有严格数学理论基础的加密结果都会很快被计算机找出统计规律并加以破解，从而昙花一现退出历史舞台。所以，有谁愿意将自己极为珍视的个人隐私数据交给这些"一夜昙花"来保护呢？更别说那些涉及军国大事的保密信息了。

让我们继续回到现代《九阴真经》的作者香农身上来。他在《保密系统的通信理论》这篇现代密码学的开山之作当中，给出了两个基本原理[2]，即评判现代密码算法是否足够安全的两条标准。如果我们把一个足够好的加密算法比喻为一套上乘的武林绝学，那么香农这两个标准就像是两个严格的考官，这哼哈二将一起来决定什么样的加密算法能够登堂入室成为"绝学"。一个考官称之为"扩散"（diffusion），主要是考察明密文之间的关系的。还有一个考官称之为"混淆"（confusion），主要是评价密文与密钥之间的关系的。通俗地讲，就是明文和加密之后的密文之间的对应关系越乱越好，让人们找不出规律。密文和加密用的密钥之

1　而这在现代通信当中是轻而易举的事情，听说过美、英、加、奥、新"五眼情报联盟"吧？英国退役将军詹姆斯·S.考克斯（James S. Cox）曾有专门的描述。参见 Cox, James (December 2012). "Canada and the Five Eyes Intelligence Community".
2　这种从不证自明的基本原理出发，推演和建立一个庞大的科学体系的思想方法正是我们前面提到的古希腊科学文化的精髓。

间的关系也是越乱越好，也要让人找不出规律。所以，接下来的问题就很清晰了。个人隐私信息如何保护？加密呗！怎么知道加密之后安不安全？Easy，Easy。看看这个加密算法是否通过了香农大师委任的这两个考官的考验。

$$S = \log_2 2^N = N = 2$$

图9.4　香农信息熵

　　当然，在香农的论文当中，并非用这种调侃的态度来对待严谨的密码科学。他创造性地引用了现代物理学中的一个概念："熵"（entropy）[1]。还记得高中时期学热力学第二定律提到的这个概念吗？熵代表着一个系统混乱的程度。根据天文观测，我们这个宇宙的熵始终在增加，这表明我们这个宇宙会越来越混乱。等一等，听起来是不是有点耳熟？混乱？香农委派的两个考官不就是看重这个吗？是的，这位贝尔实验室的工程师就是借鉴了这个现代物理学的基本概念，并把它改造成了"信息熵"[2]，从而进一步建成了今天的"信息大厦"。这便是现代武林的"扫地僧"香农作出的第二个伟大贡献——他一不做二不休，又写出了《通信中的数学理论》（*A Mathematical Theory of Communication*）这本现代

1　当然，香农也不是想到这一点的第一人，好吧，牛顿说的站在巨人的肩膀上。美国人克劳德·香农站在德国人鲁道夫·克劳修斯肩上总可以吧？
2　如同图9.4中示意的那样，信息熵可以这样理解：同时抛两枚硬币很多次之后，出现不同版面的概率。

The Bell System Technical Journal

Vol. XXVII   *July, 1948*   *No. 3*

A Mathematical Theory of Communication

By C. E. SHANNON

INTRODUCTION

THE recent development of various methods of modulation such as PCM and PPM which exchange bandwidth for signal-to-noise ratio has in-

图 9.5 香农 "信息论" 首篇论文

信息技术领域的《九阳真经》！正是它，人们才建立起严密的信息科学，人类才得以进入信息时代。

有了信息熵这个概念，再加上香农发明的信息编码理论[1]，于是"信息"这个看不见摸不着的虚无缥缈的东西不仅被"量化"出来了，而且人们可以通过"看、读、写"这些比特[2]来生产、传输和存储信息了。可能人们会产生这样的疑问，没有比特的时代，人们不是一样可以传递信息吗[3]？比如古代的竹简、近代的书信。确实如此！但是从产生、传输和存储信息的效率来讲，完全就是天壤之别了。例如今天你自拍一张照片，如果需要的话，我们现在就已经拥有完整的技术手段把它一直保存下去，直到你的后世子孙孙都能见到你这个不老祖宗长的真实模样："哇！没想到一千年以前地球上的祖祖祖祖爷爷长得好像我们家族刚刚迁徙到半人马

1　简单地讲，就是把需要通信的信息本身再加上一些保驾护航的信息（冗余信息）"编织在一起"，一旦信息本身在传输过程中出现偏差，周围这些冗余信息可以进行纠错。有兴趣的读者可以去翻阅大学教材《信息论》。

2　也就是我们今天熟悉的"比特"（bit）这种量化单位，如同物理学当中的时、分、秒、千克、厘米等一样。

3　在中国传统文化当中，"信息"这个词也经常和消息混用，例如宋代诗人陈亮的"梅花"，就有"一朵忽先变，百花皆后香。欲传春信息，不怕雪埋藏"的描写。但这种抒情、定性的说法在现代通信系统当中却难以实现和操作。

座 α 星球那位'葫芦娃堂兄'啊，啧啧啧，连表情都一样呢，都有点自恋呢。"如果再给你这位老祖宗的照片加个密，我们还可以让那些只有通过你授权的人才能看到你的照片。而这一个貌似简单的场景，在古代是很难做到，甚至做不到的。但在今天，得益于香农凭借一己之力撰写出来的当代信息科学的《九阴真经》和《九阳真经》，一切都不在话下。

有了图灵发明的"屠龙刀"（计算机）、香农撰写的"九阴九阳真经"（信息论），接下来的现代科技武林会发生什么呢？

第十回　军转民　大师传道困惑解
##　　　　　拼谋略　大国杀机暗中现

　　前面提到过，第二次世界大战结束后由于计算机、信息论的产生，人类社会进入了一个崭新的时代。这个崭新的时代意味着什么呢？熟悉世界历史的人都知道有一个典故叫"巴比伦通天塔"（Tower of Babel）。据说数千年前巴格达大街上的童谣是这么唱的："今日建成通天塔，明日人类成一家。"而继计算机、信息论之后即将发生的事件就是打造现代版的通天塔。从此之后，地球就变成了一个村。当然，人类目前还远远没有成为一家。而这个现代版的通天塔，与前面几回谈到的计算机、信息论一道，使人类隐私保护（当然不仅仅是隐私保护）发生了翻天覆地的变化。这就是本回要说的故事。而这个改变却又要从第二次世界大战的战

图 10.1　巴比伦通天塔想象图

图 10.2　20 世纪 60 年代兰德公司总部

争红利说起。

　　1948 年，就在香农发表他奠基性的信息论文章之际，在加州洛杉矶西面一座只有数万人口的小镇圣莫尼卡（Santa Monica）悄然开张了一家非营利性的咨询公司。这家公司后来被人们称为"思想库"[1]的鼻祖，中文名字叫"兰德"（RAND Corp.）。它至今在国际战略研究领域经常扮演着"难得糊涂"的狠角儿。兰德公司也是第二次世界大战的产物，它最大的赞助方是美国空军。1945 年第二次世界大战刚刚结束，美国空军就开始着手研究未来的空战武器系统，并将其命名为 RAND 计划（RNAD Project）。道格拉斯飞机公司[2]与美国空军签署了这个研究合同，而到了1948 年合同结束的时候，这个研究机构连同名字一起保留了下来。关于这家世界知名的智库，也有很多"学术八卦传奇"：一个传奇是兰德公司在 1950 年受美国政府所托研究中国政府是否出兵朝鲜。它把研究的结果交给联邦政府，上面只有这么五个烫金大字："中国会出兵。"当美国政府索取完整的研究报告的时候，兰

1　国内也把"思想库"（think tank）称为"智库"。
2　该公司于 1997 年被波音公司兼并了。

德公司一点也不顾全大局，居然开价100万美元。据说政府心痛纳税人的钱没买这份研究报告，估计打日本鬼子名扬天下但在朝鲜战场上却败走麦城的麦克·阿瑟将军要是知道了会毫不犹豫拔出他的手枪对准这帮奢啬鬼。另外一个传说更让人哭笑不得，兰德公司曾经研究过在什么条件下美国向苏联投降最划算！研究成果提交给美国军方之后，让将军们感到万分尴尬，觉得花了大笔纳税人的钱就得到这样的研究成果？所以严禁这帮专家发表这个成果。不过好在兰德公司这些"难得糊涂仙"们还是可以继续大言不惭地让政府给钱，并且不让赞助方干涉他们自由自在的研究兴趣[1]。不过话说回来，兰德公司与我们说的地球村、现代通天塔有何关系呢？这一切又要从一位大神级人物讲起。

兰德公司在1948年刚成立的时候就请到了美籍匈牙利裔科学家冯·诺依曼加盟，作为公司的"镇馆之宝"。这位学界泰斗刚刚从"曼哈顿工程"当中光荣退居二线。冯·诺依曼53年短暂的一生有两个特点：一是兴趣广泛；二是只要他感兴趣，他都会成为创始人，从基础数学到应用数学、从自然科学到社会科学、从理论到工程等，处处留下了"冯·诺依曼奠基于此"的历史痕迹。所以我们也很难用金庸笔下的武当、少林、丐帮、哪门哪派的开山鼻祖或者武林盟主[2]来比喻他，只好笼统地称他为冯大侠吧。这里随便举几个例子：20世纪量子力学尚处于襁褓期，正是他和希尔伯特[3]一起撰写了《量子力学的数学基础》，才使得捉摸不定的量子力

1　而恰恰是这种联邦政府不过多干涉兰德公司的研究领域，反而使该公司成为世界上最著名的智库，为美国在战后许多国际领域的重要话语权作出了重要贡献。

2　金庸在他的小说当中对武林盟主这个行业协会会长的职位似乎都充满了讽刺。

3　上一回我们提到的那位因哥德尔的发现而伤透了心的数学之王。

学建立在了严格的数学公理化基础之上[1]。也正因为冯大侠的这一贡献，从此让物理学家能够挺起胸膛一致对外（当然，他们内部依然继续争斗）。更神奇的是，在20世纪30年代初，冯大侠曾经与哥德尔一样，也独立想到了如何给现代数学的基础致命一击[2]。当冯大侠得知哥德尔已经发表了研究成果之后，一咬牙一跺脚，潇洒地转向了其他研究领域。当然，作为匈牙利犹太人的他，最后和哥德尔、爱因斯坦一样，也都惊险地逃脱了纳粹的魔掌跑到北美大陆的普林斯顿高等研究院集体开派对去了。

图 10.3　计算机之父冯·诺依曼（右）

现代人们说起冯·诺依曼，多半是因为他对计算机研发的贡献。第二次世界大战期间，冯大侠忙于参加研制世界上最大的炸弹，负责计算原子弹的爆炸威力，所以能够深深体会到计算能力有多么的重要。再后来的故事大家都清楚：战争结束后美国和英国过招，老冯和小图PK，看谁能根据"追风少年"图灵的那个理论模型，率先研发出人类第一台通用的电子计算机[3]。按理说计算

1　而哥德尔又指出，公理化的数学体系存在着无法自证其真伪的数学命题。这与量子力学本身的一些特异性质，例如海森堡不确定性原理等有什么内在联系吗？
2　根据冯·诺依曼传记的记载，他与哥德尔都构造出了数学体系的"自指"矛盾，但由于哥德尔的结果先发表了出来，所以冯·诺依曼就没有再在这个领域继续进行研究。
3　图灵在布莱奇利庄园研发的那个大块头计算装置是专门用来破译德国人密码的，所以不算通用计算机。

机这个领域的起跑线是图灵最先画出来的，他还亲自研发了专用的"炸弹"计算机，所以图灵应该具有先发优势。但最后却是冯大侠成了人生赢家。这里面既有"姜还是老的辣"这个因素，毕竟那个时候冯大侠早已名满全球，去美国政府拉个赞助什么的不费吹灰之力。而英国政府那个时候的兴趣显然更多地放在了打探图灵的卧室隐私上，而不是支持他的计算机研发项目。唉！世界科技史上这种"起个大早，赶个晚集"的故事比比皆是！而对于我们今天而言，特别是即将进入的一个崭新的计算时代而言，冯大侠还留下一笔丰厚的遗产，这笔遗产还远远没有受到人们足够的重视：他受香农信息论的启发，创立了"冯·诺依曼熵"，这个熵又是干什么用的呢？呃，它是今天和未来量子信息的理论基础。

好了，冯大侠的故事不能再展开了，让我们回到本书主题上来。这样一位大神级的人物到了兰德公司之后，将产生什么样的效应呢？冯大侠漫不经心、随随便便地就从自己的"冯氏秘笈"当中选了三样武林绝学作为鼓励武林后辈的见面礼传给了这家公司：一个是他开创的"运筹学"（Operation Research），简单来讲，就是搞优化，研究如何把复杂事物简单化的一门学问，比如如何

图 10.4　兰德公司的科学家在进行运筹学沙盘推演

在蜘蛛网一般的道路上找到回家最短的路。兰德公司也因此成为运筹学应用研究的重镇。图10.4就是兰德公司的科学家在进行运筹学沙盘推演。

　　冯大侠传授的第二招武林绝学是"蒙特卡洛方法"（Monte Carlo method）。这同样也是战争红利——冯大侠参与美国"曼哈顿计划"的时候，有一位同事名叫斯坦尼斯瓦夫·乌拉姆（Stanislaw Ulam），是波兰裔美国数学家[1]。乌拉姆在从事核武器研发的时候发明了一个做随机统计实验的方法，冯大侠立马注意到了这个方法具有普适性并将其发扬光大。出于保密的原因，同事们还给这种方法取了一个很贴切的赌博名称"蒙特卡洛方法"。这个方法后来被广泛用于计算机模拟仿真，其核心是使用随机数来模拟日常生活中的各种随机现象，比如那些苦命的"996"软件编程码农们都知道一旦调用这样的语句"rand( )"，那计算机程序就会自动生成0到1之间的（伪）随机数。而现在很多计算机仿真软件已经将蒙特卡洛方法作为标配打包了，比如大名鼎鼎的MATLAB。回到我们的故事中来，蒙特卡洛这个仿真工具将在下

图 10.5　氢弹试验

1　熟悉核武器八卦新闻的人一定听说过美国设计氢弹所谓的"T-U构型"（泰勒-乌拉姆构型）。

一回里面发挥重要作用。

冯大侠传给兰德公司的第三招绝学是"博弈论"（Game Theory）[1]。所以兰德公司也顺理成章成为世界上应用博弈论来解决国际关系问题的顶级机构。兰德公司的研究人员至今都喜欢从博弈论的角度来研究世界政治、军事和经济战略，比如研究网络威慑战略[2]。那么对于本书关心的主题而言，兰德公司扮演了什么样的角色呢？

从20世纪40年代末开始，美苏两国开始在世界这个大棋盘上进行博弈。在博弈过程当中，美苏两家都有两个心病：第一个是防止对方先拔枪（先扔核武器）。这可不像美国西部牛仔片，比赛谁拔枪拔得快。第二个是挨了枪子儿之后还能不能还手（核反击）。20世纪50年代，例如1955年，美国的核武器数量约为2500枚，而苏联的核武器数量连美国的零头都还没赶上。尽管如此，那个时候美国的战略家们已经在未雨绸缪地考虑一旦双方势均力敌的时候，会发生什么对自己不利的情况。而到了1988年苏联的核弹头数量已经远远超过美国，达到4万枚[3]。

美苏双方在这个既剑拔弩张又长期对峙当中[4]，各自采取什

1　冯·诺依曼年轻的时候就喜欢玩纸牌游戏。但作为国际顶级数学家，他不仅喜欢玩纸牌，还喜欢玩纸牌背后的数学。他将所谓的"客厅游戏"背后的博弈规律加以总结，成为"博弈论"的创始人之一。有兴趣的读者可以去读一读《囚徒的困境——冯·诺依曼传》。

2　[美]马丁·C. 利比奇著，夏晓峰、向宏、胡海波编译《网际威慑与国际战》，科学出版社，2015年。

3　顺便提一下，洲际导弹的服役期大概是20年，这20年当中仅仅一枚导弹的维护费用就得数以十亿元计。读者自行脑补一下苏联为了维持对美国的核优势得花多少钱。这恐怕也是拖垮苏联的一大因素。后来美苏（俄）两家不得不坐下来谈核裁军，对外宣称是为了全人类的安全，其实是双方都花不起这个钱。

4　想象一下两个身负绝世武功的冤家扎着马步、四目相望整整40年是什么样的情景？

么样的核战略就十分重要。兰德公司受美国政府所托，研究第二个问题，具体来讲，就是研究如何在挨了枪子儿后，还能保证己方核反击的命令能够下达下去。这就涉及己方的通信指挥系统能不能在遭受核打击的时候生存下来。简单地讲，就是要解决这样的问题：一张密密麻麻的通信蜘蛛网，一颗原子弹扔下去，还有多少线路能够"连得通"？数学当中有一个分支叫图论[1]，专门研究这个"连通性"，它正式的学术名称叫"连通度"：如果是两个节点，那么连通度是1（二者之间只有一条连线）。如果是三个节点，连通度可以是2，也可以是3，即每个节点可以有两条边，也可以有三条边。假设全美国有N个通信指挥中心，那么连通度为多少才合适呢？当然，最极端的情况下就是把全部通信指挥中心都连接在一起（每个节点都与其他节点相连），也就是说连通度为N。这样做的好处是：除非对手把地球抹平了，否则只要一击不中，不能摧毁所有的通信节点，那么剩下的通信中心就一定能够下达核反击的指令。这样做的弊端又是什么呢？稍微有点智商的人都知道上面这个连通度为N的密密麻麻部署通信节点的方案是不现实的。您可能觉得不就是所有的节点之间都拉一条电话线吗？这又有什么不现实的？呃，如果仅仅是漂亮的李大姐和隔壁王大哥打打电话谈谈股票，确实花不了多少钱。但如果这是指挥发射核导弹的通信线路呢？要记住当第一枚以实战为目的的核导弹升空的时候，人类的历史也就走到了尽头。所以读者可以想象一下得花多少钱来能保证每一条线路下达的指令都是可靠的。恐怕任何一个国家的领导人都不愿意有这么多线路让他日夜操心生怕晚上电

---

[1] 我国古老的"河图洛书"就是最早的图论。

话铃乱响吧？而且哪怕土豪如美国再加上沙特，也没有财力人力来支撑这个"所有节点都连接在一起"的方案。因此，现在的问题就变成了："什么形状的通信网络既节约又有效？"

慢一点，既节约还有效。这话听起来有点耳熟呢？这就是数学中的一个优化问题啊！而冯大侠则是优化理论运筹学的鼻祖啊[1]。真是瞌睡遇到枕头！

冯大侠手里有优化理论、博弈论，还有蒙特卡洛方法来搞仿真，美国政府想与苏联博弈，优化通信指挥网络，以便抗得住臆想中的苏联核突袭。简单吧？

1500多年前，诗圣杜甫在游历成都武侯祠的时候，写下了"出师未捷身先死，长使英雄泪满襟"这一著名诗句。这句话用在冯大侠的身上再合适不过了。他此时此刻已经病入膏肓，后于1957年驾鹤西去，没能看到他兼职的这家公司取得的一个"小小"的成就，而这个成就将把人类文明整整提升一个档次：这就是兰德公司的"地球通天塔"计划。

1　我国现代数学宗师（称得上我国现代数学的开山鼻祖）华罗庚先生正值人生创造高峰时期却遇上"文化大革命"，没法搞基础数学研究，只好走向田间地头，搞应用数学推广"6.18优选法"聊以度日，最终也不了了之，让人感慨万千。有兴趣的读者不妨去看看。

第十一回　发奇想　难得糊涂穿云箭
撒天网　打趴风投喜事连

　　1959年，33岁的保罗·巴兰（Paul Baran），这位祖籍以色列的移民后代刚刚从加州大学洛杉矶分校硕士毕业，就从著名的休斯飞机公司"转学"到了兰德公司。他的任务就是解决上回书说到的美国政府的第二个心病：优化军事指挥通信网络。这是兰德公司从它最大的客户美国空军那里揽的活[1]。而保罗一不小心，就成为当时全世界唯二思考一个颠覆性方案的人[另外一个在英国国家物理实验室，名字叫唐纳德·戴维斯（Donald Davies），我们最后会提到他的贡献]。当然，保罗是站在两个巨人的肩膀上取得这个成果的。在他之前，冯·诺依曼和香农都思考过类似的问题。受两位大师启发，硕士生保罗是这样来破解这个"世界级难题"

图 11.1　兰德公司科学家保罗·巴兰

1　在美国"三位一体"的核打击力量分布图当中，美国空军扮演了非常重要的角色，其战略轰炸机承担了所有空射核武器的任务。

的：假设把每一个通信指挥中心当成一个节点，每个节点又和遍布全美国甚至全世界军事基地的所有其他节点连通起来形成一个网状结构。然后就来模拟这个网状结构遭受破坏的时候，还有哪些部分是"藕断丝连"的。怎么模拟呢？冯·诺依曼早就说过了，用蒙特卡洛！于是保罗就率领一帮年轻人设计了一个"蒙特卡洛游戏"，编写了一段计算机程序来模拟这样的场景。"我首先要感谢帕莱茵小姐编写的这个蒙特卡洛程序。我至今仍为她熟练的编程及排错（debug）能力感到惊讶不已。"保罗在这篇实际内容只有23页的报告当中没忘记在开头就感谢他的这位女同事[1]。这个计算机模拟程序会随机干掉网络中的一批节点：这是在模拟对手发起核突袭的时候，己方事先并不知道核导弹会打击哪个地区，接下来再模拟还有多少节点存活（即保持相互连接）。保罗及其课题组就是用它来探索美国政府的第二个心病的。图11.2就是兰德公司20世纪50年代末使用的计算机，名字还叫冯·诺依曼型。也许，那个蒙特卡洛程序就是在它上面运行的呢！

图 11.2　兰德公司 20 世纪 50 年代
"冯·诺依曼型"计算机

1　看来无论是当初的电话接线生还是后来的软件工程师，都是女性更优秀啊！

上一回我们提到了连通度的概念，现在保罗及其课题组的目的就是，假设有N个节点，那么连通度是多少才能大概率（也就是说至少要大于50%）地保证一部分节点被摧毁后，剩下来的节点依然能够保持联系？为此，一开始的时候这场"模拟核战争的游戏"需要设置的连通度是多少呢？

让我们一步一步来考虑：连通度为1？也就是说所有节点都是单线联系，这其实就是两个节点一条线。而为了保证总统先生统一指挥，这些节点都要有指向，比如说白宫的地下室，从而形成一个星型结构，参见图11.1贴在保罗先生脸上的结构图（上过网络通信基础课程的读者一定记得这叫星型拓扑）。呃，星型？名字虽然好听但效果显然不行。连小学生都知道对手只需把总连接点——白宫端掉就行了。

那么连通度为2？这个场景就是N个通信指挥中心手拉手围成一圈击鼓传花，很容易"掉链子"的。那么连通度为3怎么样？古老东方的老子不是说过"道生一，一生二，二生三，三生万物"吗？巧的是，当保罗率领他的课题组最终完成各种各样的节点设置连通度的模拟实验后，他们还真得出了这样的结论，那就是当连通度大于等于3的时候，任意打掉一批节点，剩下的节点还保持50%的连通度的概率大大提升了。不过我们在这里也不要因为结果正好从3开始，就掉入鲁迅先生批评国人劣根性的那样："我们的老祖宗早就……"事实上，保罗及其课题组对上述结果进行了大量的计算机模拟，并使用优化运筹的科学方法进行了论证，才得出这样的结论的，有兴趣的读者可以去检索保罗当年的原文[1]，品味一下我们今天所享受的与互联网相关的第一篇论文，很好玩的。图11.3就是保罗论文中展示的场景。在蒙特卡洛计算机程序当中，凡是模拟被核导弹随机干掉的节点都是一个个的圆圈，而阴影部分则表示生存下来的节点在"抱团取暖"，即它们之间可以继续进行通信。为了找到最优解（最有效、最节约），仅仅需要逐一比较这些不同的阴影即可。

山姆大叔的心病解决了吧？Bingo！

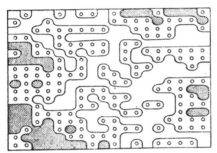

图11.3　保罗小组"连通度"研究论文

而兰德公司解决了华盛顿国会山上那帮政治家的心病（真能解决吗？）的更大意义在于，一个新概念、一个新时代悄然降临！

保罗在这篇论文当中颇有远见地讲道："我们正在接近这样一个崭新的境界：设计这样一套通信系统，使计算机与计算机之间能够相互交流。当这一天来临之时，数字通信的能力将远远超过我们现在所使用的电传打字机的情况。"[2]

1　Paul Baran, Reliable Digital Communications Systems Using Unreliable Network Repeater Nodes, RAND Public, May 27, 1960.
2　参考文献同上。20世纪五六十年代的数字通信设备终端是电传打字机，不知道读者当中有多少人知道电传打字机这个老古董？简单地讲，就是两个更老的古董凑合在一起：一台打字机加一台发报机。第二次世界大战期间德军的"隐语"加密机实际上就是一台电传打字机。

瞧一瞧，"计算机与计算机之间能够相互交流！"多么熟悉的语言、多么诱人的梦想啊！这在今天已经成为现实！而提出这个观点的时间，距本书付印之时恰恰是60年、一甲子！保罗及其同事做完这个计算机模拟实验并发表了首篇关于"计算机网络"的论文之后，又写了两篇文章进一步讨论"计算机与计算机之间如何进行交流"，一并发表在兰德公司内部的技术报告刊物上，从而给地球村通天塔添上了第一块砖瓦。令人略为遗憾的是，由于当时兰德公司的这个研究报告是应美国空军所托撰写的，所以内容非常敏感，保罗等人撰写的与此相关的11篇论文仅仅在小范围内流传，其中2篇还被列为机密，一直到1965年才被局外人所知。

后面我们还将回到这个"难得糊涂仙"们聚集的地方，谈一谈它原创的另一个杰出的思想，以及对本书谈到的内容产生的积极作用："它对后来美国制定计算机安全及隐私保护法律起到了重要作用。"兰德公司简介里不无自豪地说道。现在让我们暂时告别这家不断产出"黑科技思想"的智库，聊一聊接下来发生了什么。

20世纪50年代末苏美两国代表的社会主义阵营和资本主义阵营都处于你追我赶、狂飙突进的年代：美国人刚刚宣布要准备发射一颗人造卫星（而兰德公司又是首次提出全球通信卫星的公司），苏联立马就发射了人类首颗人造卫星，于是又轮到美国人奋起直追，马上成立了一个独特的机构来应对苏联人的"怪招"。而真正将兰德公司提出的地球通天塔这一人类的梦想变成现实的，就是美国在1958年成立的这个新机构。

对人类而言，这段伟业必将流芳百世。我们下面简要提及一下，以便保证整篇文章的连续性。

首先让我们看看这个神奇的机构是怎么来的。喜欢太空探索的读者可能都知道1957年10月4日，人类航天事业迎来了一个里程碑：这一天苏联发射了人类历史上第一颗人造卫星"地球伴侣1号"（Sputnik 1）。从这个名字来看，普希金的后人还是蛮浪漫的。俄国人的地球伴侣震惊了美国朝野！因为第二次世界大战结束后，论国力，无论是经济实力、科技实力，还是军事实力，美国都是独霸全球。即使以太空实力为例，苏联红军在德国V2火箭发射场只捡了些破铜烂铁，然而第二次世界大战期间德国最重要的火箭研发人员苏联人一个也没捞着，以冯·布劳恩为首的纳粹德国最著名的火箭科学家团队集体投降了美军，冯·布劳恩后来还成为美国航天事业教父级的人物，登月用的"土星五号"运载火箭就是出自他之手，并且至今保持着运载能力全球第一的纪录。苏联的火箭总设计师是谁？第二次世界大战结束的时候，科罗廖夫还是一个默默无闻的中校工程师，1948年美国人邀请苏联将军们去参观他们发射德国人的V2火箭的时候，科罗廖夫还因级别不够被挡在铁丝网外面默默地远观。所以在世人眼里，苏联要搞太空探索的家底儿与财大气粗人精明的老美相比，无异于乞丐与

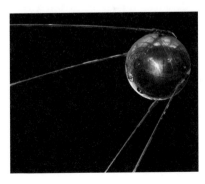

图11.4　人类首颗人造卫星——苏联
"地球伴侣1号"

图 11.5 冯·布劳恩与"土星五号"运载火箭

龙王比宝、婴儿与成龙过招。但"乞丐"们偏偏抢先把一颗"龙珠"打上了天，每隔一个半小时还大大咧咧地在白宫上空掠过，发出"嘟嘟嘟嘟"刺耳的电信号，让曾经的盟军总司令、时任美国总统艾森豪威尔将军十分尴尬和不爽[1]。

　　这件事给美国人的刺激太大，以至于国会很快就通过了艾森豪威尔总统的授权，并根据公共法85-325批准成立了一个专门的机构——高级研究计划署（the Advanced Research Projects Agency，ARPA，后来又增加了一个定语：国防高级研究计划署，DARPA，即名扬四海并被世界各国纷纷效仿的机构）。DARPA成立之初只有一个目的：防止伊万大叔又整出什么幺蛾子再次惊吓山姆大叔。世界著名企业通用电气（GE）的高管罗伊·约翰逊（Roy Johnson）放弃了16万美元的年薪，来到这个新部门担任第一任主任，领取一万八千美元的死工资，决心率领同仁一雪前耻，

1　为了不至于落后苏联人太多，冯·布劳恩急急忙忙在当年年底打了美国第一枚探空火箭，但还没升空就炸了台……

要把苏联人打趴下。到了后来，DARPA不仅圆满地完成了国人的重托，还不断带给美国人各种惊喜，并对整个世界的战略科技发展产生了极为深刻的影响，比如在它手中诞生的全球定位系统GPS、隐形轰炸机等。

当然，DARPA最为世人称道的就是它孵化了兰德公司的"计算机网络"的概念。事实上，不知道是不是美国空军把保罗的研究成果当成了自己的私货，DARPA最早还不是从保罗或兰德公司那里听说"机器与机器讲话"这个想法的，而是从英国国家物理实验室（National Physical Laboratory, NPL）计算机科学部主任唐纳德·戴维斯的讲话当中获得的消息。1965年戴维斯访问MIT的时候，就已经和DARPA"指挥与控制项目办公室"负责人利克莱德（Licklider）一起讨论过计算机网络的相关设想。1967年，在美国田纳西州召开的全美计算机协会（ACM）操作系统原理国际会议上，戴维斯做了一个更完整的报告，报告内容是关于英国人在国家实验室建设的一个数据网络（NPL Data Network）的情况。虽然英国人这个数据网络仅仅把12台计算机连接在一起，并供实验室内部人员使用，但它已经具备了现代计算机网络的雏形，包括定义了计算机之间进行通信的各种数据包格式和通信协议等内容。听到这个消息，这一次DARPA坐不住了。看来不仅要防止伊万大叔先下手为强，还要防止英国表叔或其他所有的人抢在美国人前面。DARPA立马开始着手进行更大规模的实验。接下来的故事世人皆知：后来，这个更大规模的实验就演变成了今天的互联网，人类的通天塔。

作为本回的结尾，我们不妨看看这样一些有趣的对比。

图11.6是1973年ARPAnet的规模。

读者不难在这张1973年的拓扑图上发现那些如雷贯耳的名字：兰德公司、斯坦福大学、哈佛大学、麻省理工学院、加州大学洛杉矶分校、加州大学圣迭戈分校、南加州大学，以及若干IT企业。英国国家物理实验室的那张最早的试验网Data Network也在这一年接入了ARPA NETWORK。不知道一直非常强调知识产权保护的美国人有没有给英国人交费？或许亲兄弟不用算细账吧？或者又是像图灵与冯·诺依曼PK计算机一样，英国人又是起了个大早，赶了个晚集？

《三国演义》那首开篇词怎么唱来着？"古今多少事，都付笑谈中……"

最后我们来看看DARPA这笔生意做得是如何的成功：

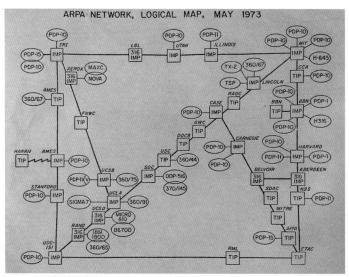

图 11.6　ARPAnet 拓扑图

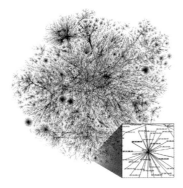

图 11.7　21世纪初贝尔实验室绘制的互联网拓扑图

图11.7是今天互联网分布的概念图[1]。国际著名的思科公司（Cisco）估计，到了2020年，全球大约有400亿台计算设备，它们相互连接在一起并说着同一种语言。作为对比，2020年全球人口估计为80亿，他们之间又有多少种语言呢？7000种！看来，地球村巴比伦通天塔首先是在计算机之间实现的啊。

1958年，DARPA成立的时候美国国会批给它一年的运营经费为5.2亿美元，大致相当于现在的52亿美元，主要用于前沿战略科技的风险投资[2]。那么当年它投入到这张小小的试验网上的钱是多少呢？200万美元！有谁能够计算出DARPA当年这200万美元的风投给美国带来的利益是多少美元吗[3]？

1　很遗憾只能画出概念图，因为没法画出当今连接到互联网上的每一台机器。

2　作为对比，DARPA在2019年向国会提出的预算申请是34.4亿美元。

3　从硬件到软件、从芯片到操作系统……读者可以看看自己身边的电子设备有多少与互联网相关。

第十二回　爱炫酷　技工学童玩欺骗
　　　　　入歧途　潘多拉盒谁来关

1861年4月10日，美国马萨诸塞州州长约翰·A.安德鲁（John A. Andrew）签署命令，通过了美国地理学家兼物理学家威廉·B.罗杰斯（William B. Rogers）的提案，同意拨出州政府的

图 12.1　麻省理工学院创始人罗杰斯

公用土地成立一所以欧洲综合理工类高校为样板的学校，其宗旨是面向应用科学培养各类工程技术人员，以助力美国的工业化进程。简而言之，这是一所技工校。这从它简洁的校训也可以看出来："既动脑，又动手。"（Mens et Manus）不巧的是，两天之后美国内战正式爆发，"偌大的北美大陆已经摆不下一张平静的书桌"。一直到内战结束的1865年，这所学校的第一个班才开始正式上课。经过150多年的建设，目前这所名为麻省理工学院的"技工

校"注册学生人数为1万多一点，教职工1000多。截至2018年10月，MIT有93位教师及校友获得了诺贝尔奖，25位获得了图灵奖（计算机科学领域的"诺贝尔奖"），8位获得了菲尔茨奖（数学领域的"诺贝尔奖"）。

如果你想问问MIT的传统与特色是什么？由于该校已经从当年专注于发展工程应用科学到今天经济、管理、艺术等均名扬天下，所以要是投票选一个校园文化特色出来代表这所学校，恐怕很难有一个统一的答案能获得所有校友的支持。但是且慢！"黑客"（hack）文化可能除外。

在计算机科学这个与本书密切相关的领域，一讲到黑客历史一定会首推MIT，但事实上，这所"技工校"的黑客历史更加悠久，早在计算机诞生之前就有，并已经成为它的品牌特征之一。对此，学校官方的态度颇为暧昧：不少好事者会在学校黑客博物馆的官网上留言，问MIT的政策是否同意或支持黑客行为？学校一本正经地回答："不。那些被依法逮捕的黑客将会面临法律的惩处。但这并不影响校方对那些好的黑客行为的态度，这得看事后的效果。"

在MIT的校园文化氛围当中，"黑客"指的是"炫酷"，而且是那些技术含量很高的炫酷，讲究的是既要有震撼的效果又要有忍俊不禁的幽默。例如MIT为之骄傲的校友之一、大名鼎鼎的诺贝尔物理学奖获得者理查德·费曼教授[1]。他在第二次世界大战期间参加"曼哈顿计划"的时候还是一个毛头小伙子，与冯·诺依

---

[1] 就是那本名著《别闹了！费曼教授》的主人公。费曼也是当今从事量子计算机研发的人们一定会提到的"大神"级"量子计算之父"。

图 12.2　著名物理学家费曼

曼、费米、奥本海默、泰勒等武林泰斗相比完全是路人，但这丝毫不影响他经常把存有原子弹机密文件的保险柜的密码锁给黑掉，并以此为荣。所以在MIT的黑客博物馆名人堂当中，费曼教授的名字赫然位列"仙班"。而在更早的20世纪20年代，那会儿还没有"黑客"这个词，但MIT有帮既有工程天赋又不安分守己的学生就神不知鬼不觉地把一辆福特轿车挂在了学生宿舍上，让过往的师生开怀不已（真不知道那位可怜的车主后来是怎样把爱车弄

图 12.3　20 世纪 20 年代 MIT 学生的"恶作剧"

图 12.4　2006 年 MIT 学生的"杰作"

下来的)。而到了2006年"9·11"纪念日那天,一帮学生干脆趁着月黑风高悄悄把一辆庞大的消防车弄上了学校的主楼楼顶。要知道MIT的校警力量是非常强大的,个个都腰佩左轮枪,手提电警棍,开着巡逻车二十四小时在校园到处巡查。这"乾坤大挪移"的技术含量高得真是没得说。而图中这些行色匆匆的师生们似乎对此已经见惯不惊,非常淡定了。有趣的是,在MIT那些值得"炫耀"的重要黑客事件当中,还有不少是针对查尔斯河对岸那所曾经刊登了首篇隐私权文献的学校——哈佛大学。它是MIT的"欢喜冤家"。哈佛的建校历史远远久于MIT[1],再加上"万般皆下品,唯有读书高",当年那些沉醉在法律、历史、音乐、神学、数学、物理等领域的哈佛教授们实在是打心眼里瞧不起河对岸那些只知道抡大锤的"技工"们,还时不时倚老卖老打点小算盘:历史上哈

1　哈佛大学成立于1636年。首批来自英国的清教徒登陆北美大陆之后就开始仿照牛津剑桥的模式办学抓教育。

佛大学至少有6次想把MIT兼并到她下属的学院[1]，但每一次都被MIT的校友愤怒地怼了回去："啥玩意儿？一觉醒来冒出来了一个干爹，哈佛你走着瞧，此仇不报非工科男。"所以这两家世界名校的江湖梁子算是结下了（其实这两家名校的师生在科研合作方面的联系是很密切的），而MIT的黑客们时不时就要以捉弄哈佛为"终身"奋斗目标[2]。

图12.5　斯蒂芬·罗素与PDP-1型计算机

与一言不合就把苦主的车子弄上屋顶这种"机械工程黑客"的炫酷不同，MIT著名的学生组织"铁路模型技术俱乐部"（Tech Model Railroad Club）是现代计算机黑客的摇篮，也是Hacker一词正式登上历史舞台的地方。这个俱乐部的学生在后来的计算机界都是叱咤风云式的人物，例如斯蒂芬·罗素（Steve Russell）、皮特·参孙（Peter Samson）、阿兰·科托克（Alan Kotok），甚至正值青壮年的教师约翰·麦克阿瑟（John McCarthy，现在言必称AI的同学们应该知道这位人工智能大牛）等，都是这个俱乐部的活跃分子。他们或者在PDP-1型计算机上开发名为"星球大战！"

1　我们这边大学合并潮的时候有个专用名词，叫强强联手。

2　比如在哈佛—耶鲁两校联赛的时候搞恶作剧。这个过程当中MIT的黑客既有风光的时候，也有铩羽而归的案例，这方面的典故不胜枚举，读者可以自行去检索。

（spacewar!）的电脑游戏，或者开发计算机下棋程序。图12.5就是"星球大战"首席程序员斯蒂芬·罗素与PDP-1型计算机的合影。读者可以看到他的背后靠左的位置就是傻大粗PDP-1的主机。计算机键盘在什么地方？对不起，那个年代还没有PC机。左边桌子上有一台打字机不过不是用来编程的，而右边位置有一个椭圆形的显示屏，这帮本科生大显身手开发的"星球大战"游戏就在上面进行对抗。

这些游戏软件的影响力有多大呢？2007年《纽约时报》报道，"星球大战"游戏被评为史上最著名的计算机游戏，入选所谓的《游戏秘笈》（*Game Canon*）并被美国国会图书馆典藏。2018年11月29日，当年开发这款游戏还在世的成员被全美"艺术与科学交叉学院"授予了先驱者奖。一句话，这些原产于MIT的计算机游戏开创了人类"虚拟娱乐社会"的先河！无论是现在的"王者荣耀"，还是"阿尔法狗"，都可以认为是这些祖先进化而来的。所以按照"黑客"最初的定义：这些当年MIT电子工程系的本科生们都是黑客英雄[1]。

"灿烂星空，谁是真的英雄？MIT的同学给我最多感动……"，让我们略微改动一下李宗盛的这首成名曲，对20世纪60年代那个纯洁时代的第一代黑客略表敬意吧。

然而"天下熙熙皆为利来，天下攘攘皆为利往"。正当"铁路模型技术俱乐部"的同学们废寝忘食地开发新技术，推动第一代开源软件[2]并免费让全球软件工程师们共享知识成果的时候，俱乐

1　Steven Levy, "Hackers: Heroes of the Computer Revolution", ISBN 0-14-100051-1.
2　MIT在信息技术领域的若干原创贡献之一就是启动了GNU开源软件运动。

图 12.6　MIT 关于黑客新闻的校刊

部也有一些学生开始动上了歪脑筋，而他们的行为导致人类社会进入了包括隐私保护在内的计算机安全新时代。真是"龙生九子有龙有凤还有虫"啊。

1963 年 11 月 20 日，MIT 名为 *The Tech* 的校刊上刊登了这样一则新闻："活跃的电话黑客"，这应该是史上第一次关于（贬义的）计算机黑客的新闻报道。为了把这些"虫子们"干的脏活讲清楚，我们先来铺垫一下相关背景。

美国东北部新英格兰地区一共有六个州，聚集了不少世界一流高校，例如哈佛大学、耶鲁大学、MIT、哥伦比亚大学等，号称世界上教育资源最好的地区。此外还有许多如雷贯耳的国际大公司，例如通用电气、雷神（喜欢军事的朋友们对它应该不陌生）、IBM 等。而无论是企业的商务活动，还是学校的科研教育工作都要依靠电话来进行交流。为啥不发电子邮件呢？别忘了 1963 年互联网还在兰德公司的报告上"纸上谈兵"呢。所以在这个地区，电话业务排名第一的是通用电气，亚军是雷神公司。这些国际巨头在电话里谈的动辄都是上亿美元的大业务单子。而排名第三的电话用户是谁呢？IBM？恭喜您答错了。是"技工校"MIT！在20世纪60年代初的时候，贝尔电话公司为MIT超过1.4万名的用户提供服务，而每年MIT仅仅是电话费就要缴纳100万美元！读者还记得DARPA当初给互联网的风投资金是多少钱吧？200万美元。

　　MIT电子工程系的卡尔顿·塔克教授是黑客摇篮"铁路模型技术俱乐部"的"总舵主"（指导教师），他欣喜地看到"品学皆优"的斯蒂芬·罗素们在开发第一代"王者荣耀"，同时也无不沮丧地看到每学年都有两三个学生被学校开除，原因就是滥用计算机并谋取私利。这些孩子干了些什么呢？他们要么把连接MIT和哈佛大学的电话线串联在一起，这样电话公司就不清楚到底该找谁要电话费了（哈佛心里苦，有苦说不出），要么就是编写一段程序，偷偷地投放到PDP-1型计算机上，让它去检索校园里面的所有电话号码，并依次拨号。由于当时电信公司给MIT内部校园电话的设计有漏洞，只有那些有拨号声响起来的号码才是学校接通外线的电话，因此当PDP-1计算机挨个拨校园号码的时候，一旦有"嘟……嘟……"的长铃声，那么就表明这是一部外线电话。呃，接下来的故事就很简单了，小伙子用这个外线电话既可以与他远在西海岸的女友倾诉衷肠三四个小时，也可以偷偷地把这个可以打免费长途电话的号码拿去半价卖给班上的同学。可以想象，这些行为让贝尔电话公司和MIT的校长都恨得牙痒痒的。

　　读到这里，读者想必也明白了MIT当时为啥花了不少冤枉电话费吧？

　　为什么说这些事件是计算机黑客历史上的典型事件呢？因为

这些黑客技术至今影响深远，例如现在黑客发起计算机网络攻击的时候，经常使用的"跳板、肉鸡"等技术思想其实就发源于此。

　　20世纪60年代这些黑客们[1]已经悄然打开了潘多拉之盒，信息时代终于开始展现出它"双刃剑"的面目。接下来，法律法规应该登场了。而让人颇为惊讶的是，首先出台关于个人隐私数据保护法律的国家，居然不是美国！

1　因保护个人隐私，MIT至今没有公布这些学生的名字。

中
篇

第十三回　新技术　歌德故乡展新颜
吃螃蟹　黑森立法闯头关

　　四十多年前中国刚刚打开国门改革开放的时候，如果要问那个时候的年轻人入门级经典爱情小说是什么，大概有不少人会选择歌德的《少年维特之烦恼》。而在经历了爱情的烦恼，脸上刻满岁月的沧桑之后可能才会读懂歌德的另一本名著《浮士德》。在这部传世之作中，歌德倾注了自己对人生、社会、人类未来所有的思考，淋漓尽致地展现了从文艺复兴、宗教改革，直到"狂飙突进"思想觉醒，以及那个年代欧洲启蒙主义思想家否定教条主义的宗教神学、批判黑暗现实的反封建精神。浮士德博士与魔鬼的交易已经成为今天对每一个人的灵魂拷问。我们将在全书结尾的时候，也来拷问一番人类自己是否愿意把灵魂（和隐私）出卖给一个"全新的上帝"。

图 13.1　浮士德与魔鬼

不过对于本回而言，歌德的象征意义却是他的故乡，不少中国读者也非常熟悉德国黑森州最大的城市——法兰克福[1]。如同长江黄河孕育了华夏文明一样，从法兰克福出发沿着美因河溯流而上不到40公里，就是黑森州首府威斯巴登，它的河对岸就是著名的美因茨[2]。再沿美因河往上约100公里是黑森州一座名叫Hünfeld的小镇，依山傍水，人口不到2万，还不及现在我们一所大学的人数多。这座小镇为之自豪的是世界上第一位计算机工程师康拉德·祖泽（Konrad Zuse）就诞生在这里[3]，他发明的Z系列机器是世界上首批可编程电子计算机，其中1941年完工的Z3型计算机还是"图灵完全型"，采用了冯·诺依曼构型的设计原

图 13.2　康拉德·祖泽

1　法兰克福的德语全称是"美因河畔的法兰克福"。如同说起长江上游最美丽的山城，笔者强烈建议你选择重庆一样。
2　那是欧洲"毕昇"约翰·古腾堡（Johannes Gutenberg）的故乡。正是因为他的发明，欧洲普通老百姓才有机会自己读书看原版的《圣经》，而不是听神父们按照有利于自己的说法去断章取义。可以毫不夸张地讲，古腾堡的发明为欧洲文艺复兴埋下了一粒种子。
3　也有一说是他诞生在柏林。但这个小镇把他列为名人录，还竖了雕像。不知道是不是也属于其他某些地方"抢名人旺旅游"的习惯？但愿不是。

理[1]。学习计算机的同学们都知道，这表明 Z3 可以编程实现所有图灵机能计算的任务。一句话，它本质上和图灵、冯·诺依曼、比尔·盖茨、乔布斯发明的计算机一样。

不少人好奇图灵和祖泽二人是否见过面？因为他们是同时代的人，图灵年轻的时候（呃，应该说永远年轻的图灵）也经常去德国旅行。对此还真有人写过一篇洋洋洒洒的论文加以论证[2]：第二次世界大战结束后英国国家物理实验室[3]的一群科学家，包括图灵，一起驱车去当时德国的英国占领区哥廷根[4]拜会（一说是"提审"）德国科学家和工程师，看看德国同行那里有没有什么"干货"可以捞[5]。当时祖泽也在"提审"名单当中。笔者很好奇这两位计算机大师见面的时候（如果确实见了的话），是不是像金庸武侠小说当中描述的那样："太阳穴高高凸起，相互围着小心翼翼地绕了几圈，心中默念'敌动我不动'？"

与图灵既做理论计算研究又干工程设计不同，祖泽主要是干工程的，同时一心想把计算机产业做大做强。战争期间他还创立了好几家工场来制造 Z 型计算机，可不走运的是都被盟军飞机炸得灰飞烟灭，连图纸都没剩下。一直到 20 世纪 90 年代，才由德国

---

1 当然，这是后来人们总结出来的。

2 参见 Bruderer, Herbert. "Did Alan Turing interrogate Konrad Zuse in Göttingen in 1947？"

3 本书前面提到的互联网诞生地之一。

4 世界上最著名的数学物理圣地——哥廷根大学就位于这个地方。它有太多的传奇，例如希尔伯特创立的哥廷根学派，冯·诺依曼仅仅是这个学派的徒孙辈人物。第二次世界大战结束后，著名的马克思·普朗克物理研究所恢复重建就在这里，后来才搬到柏林。该所 1917 年成立的时候，第一任主任是爱因斯坦，战后第一任主任是量子力学之父之一、发明"海森堡不确定性原理"（这是当今热火朝天的量子通信的理论基础之一）的海森堡。

5 俘虏嘛，不用讲知识产权保护。

图 13.3　西门子公司重建的 Z1 计算机

西门子公司出资 50 万美元重建了 Z1 计算机。

所以，拥有歌德、祖泽等风流人物的黑森州确实称得上人杰地灵。那么是什么原因使它在世界隐私保护立法方面拔得头筹呢？

20 世纪 70 年代的联邦德国[1]已经从第二次世界大战的废墟中得以重建，GDP 也进入了世界前三名，甚至连 IBM 也开始布局在斯图加特修厂房助力德国信息化发展。对于本书而言，值得小书一笔的是 1970 年 9 月 30 日黑森州颁布了世界上首部《数据保护法》[2]。那么是什么原因促使黑森州"率先吃了第一只螃蟹"，成为世界上首个为公民个人的数据保护立法的州政府呢？事后看来，这部黑森州的法律是多方利益冲突与协调的一个成果。而梳理一下这些利益冲突以及最后的协调方式，对其他国家而言不无借鉴意义。

首先是州政府与联邦政府的关系：为什么它不是联邦德国的法律而是州立法？因为根据联邦德国战后的宪法，要成为全国的

1　这里指的是西德。东西德统一是 20 世纪 90 年代的事情。

2　该法案的德文名称为：Hessisches Datenschutzgesetz (The Hesse Data Protection Act), Gesetz und Verordungsblatt I (1970), 625.

法律，就必须要涉及公私各个领域。而黑森州的这个《数据保护法》仅仅涉及州政府各个部门等公共领域，没有包含私有领域。为什么要这样做？有一种说法是[1]，为了避免立法时间过长。因为在国家层面立法的时候，不同党派的议员往往会将"法律问题转化为党派拉锯战"，从而延误立法本身。所以黑森州就把自己能够控制的公共部门纳入立法范围，而暂时不管私有领域了。

其次是地方团体与行政部门的关系："这部法律是为了解决这样一些矛盾而产生的：地方团体组织与州政府行政部门之间，谁能够决定购买这些傻大个计算机，以及在上面运行什么样的程序，用它来干什么？"[2]可能读者会感到非常古怪：要购买一台计算机，动动手指头，在某东某宝上分分钟搞定，要安装一个软件就更简单了，怎么还要给省政府打报告啊？答案很简单：20世纪60年代，全球仅仅拥有2万台左右的计算机！因此，既然地方团体与州政府在"谁应该拥有计算机"这个问题上有矛盾，那就"依法治州"。

再次是州立法部门与州行政部门之间的制约：由于计算机这个新鲜大玩具的玩家主要是州政府各级行政机关，并且因此拥有了大量数据，所以立法部门有点担忧自己是否会被"信息时代"所抛弃。怎么办？立法把"数据权利关在笼子里面"！

还有一个不可忽视的就是个人数据与政府利用这些数据的

---

1 Privacy-Data Protection, A German/European Perspective. Herbert Burkert.

2 参见Privacy-Data Protection, A German/European Perspective. Herbert Burkert, 他引用了Gesetz über die Errichtung der hessischen Zentrale für Datenverarbeitung und kommunale Gebietsrechenzentren (1969) [Law on establishing the data processing center of the State of Hesse and of data processing centers of local communities]. See also Hondius 1975, 35.

冲突：公民们不知道这些在神秘的大房子里吹着空调闪着灯光的机器里面存了自己哪些数据？它们会不会对自己找工作产生不利影响？

以上就是黑森州出台世界上首部《数据保护法》的原始背景。但整个立法的初衷还是让政府部门的数据处理能力更加有效，所以美国人评价"黑森州的《数据保护法》似乎是为了保护该州政府部门的数据的集中处理，而不是将重点放在个人数据保护上"[1]。尽管如此，歌德的故乡还是为世界其他国家或地方制定个人数据保护法律法规开创了先例。下面我们简要做一个介绍[2]：

第一，该法首创了"数据保护"这个术语，后来被各国学术界、司法界等纷纷采用。尽管从本质上来讲，应该是保护"拥有这些数据的公民的个人权利"，但在历史上这种名词误用不胜枚举，比如"看医生"。

第二，默认事务：处理个人数据从此成为该州必须进行立法干预的事务。这也对后来欧洲各国的立法产生了深刻的影响。

第三，数据主体（即拥有这些数据的个人）的权利：首次明确了数据主体可以无条件地访问那些属于自己的数据，而无须征求第三方的同意。这进一步延伸出欧美等国立法规定不允许存在"秘密数据中心"的行为。

第四，巡视专员制度：该法律当中首次设立了一个独立的权威代表"数据保护专员"[3]。该州任何的合法公民都可以申请当

1 参见本书后面介绍的《档案记录、计算机与公民权利》。
2 参见Privacy-Data Protection, A German/European Perspective. Herbert Burkert.
3 参见"黑森州数据专员申请表"。

这个专员。当然，这个数据专员的职责范围仅限于处理个人对黑森州各个政府部门拥有他本人数据的申诉，而不能扩展到私有领域。所以那个年代黑森州的公民要是抱怨医疗或电信行业泄露了他的个人隐私，也会投诉无门，除非是公立机构。

第五，个人数据保护机构：与每个黑森州公民都可以申请当"数据保护专员"不同，该法案还专门设置了一个政府机构来负责处理人们对自己隐私数据的申诉。这是因为一旦走上法律诉讼程序，有可能费时费力。所以成立一个调解部门也许更有效。读者后面会看到黑森州的这个经验（以及教训）将被欧美各国广泛吸取。

黑森州的《数据保护法》颁布实施后，兄弟省份纷纷前来取经，莱茵州—普法尔茨州、汉堡州、巴登州、石勒苏益格州、荷斯坦州、巴伐利亚州和下萨克森州等先后也通过了类似法律。一时间在联邦德国的土地上保护个人隐私数据蔚然成风。1977年，联邦德国政府正式颁布了国家层面的隐私数据保护法，而在这些"比先进学先进人人争当先进"的法律法规以及公约当中，都能找到黑森州的身影。

关于黑森州的这个数据保护法，下面两则有趣的故事[1]说明了当时立法难，执法更难的窘态。

数据保护专员的职责不是要调解官方与个人关于数据的关系吗？那么专员首先应该掌握什么信息呢？他首先应该知道哪里有这些计算机啊！但据报道，某专员还是从一则关于医院火灾的报纸新闻中才知晓原来这家医院还藏有一台计算机！里面肯定有病

1　参见本书后面介绍的《档案记录、计算机与公民权利》。

人的隐私数据啊!

不过也有成功的案例。当另外一家私人研究机构希望获得敏感犯罪数据的时候,正是这些数据保护专员及时发现并成功阻止了公有机构存储的个人数据外泄。

关于黑森州的故事就讲到这里吧。如果要问谁是第一个从国家层面上进行立法来保护个人数据的,我们就需要将目光移向德国的北方邻国——瑞典。

第十四回　守中立　北欧神话狼性显
　　　　　弄潮儿　维京后人再当先

　　一提起位于斯堪的纳维亚半岛的瑞典王国，人们会想到什么呢？熟悉国际政治的可能会想到她在历次世界大战当中都独善其

图 14.1　北欧神话传说

身，左右逢源，永久的中立国；喜欢世界历史的可能会想到《北欧神话》，它与《山海经》《荷马史诗》齐名；关注中国科学发展水平的会想到差不多每年的 12 月 10 日下午在斯德哥尔摩音乐厅固定上演的节目：爱因斯坦、居里夫人、巴普洛夫、费曼、泰戈尔、海明威、汤川秀树、纳什、屠呦呦、莫言等曾经鱼贯而入领取诺贝尔奖；欣赏文艺的会想到英格丽·褒曼以及她主演的经典影片《卡萨布兰卡》："整个世界快倒下来了，我们却挑上这个时间来恋爱"；热爱国球的可能还能记起一位中国中央电视台体育频道解说员的激情解说："让我们送上真诚的祝福，瓦尔德内尔，他一个人见证

图 14.2　卡萨布兰卡剧照

了三代中国乒乓球运动员的成长。他既是中国队永远的对手，也是中国人永远的朋友，我们都亲切地称他为老瓦"；从事自动化生产建设的苦命工程师们可能会想到有一家名叫ABB的公司；而像笔者这样成天被俗务缠身的人可能会梦想有一天去北欧度度假，万一不小心遇上了褒曼的孙女呢？

更让人惊讶的是，这个人口还不到中国重庆市三分之一的国家，却也在世界隐私保护立法方面扮演了急先锋的角色。为什么这事儿发生在瑞典而不是美国？后者是隐私权、计算机及网络安全的发源地啊！这背后有什么样的社会、文化、经济以及技术发展的原因呢？

性急的读者可以直接去网上查看相关法律，不着急的，请和笔者一起，搬一把竹椅，围坐在黄葛树下，再用青花瓷盖碗茶杯泡

图 14.3　老成都茶馆一景

上成都名茶"碧潭飘雪"，慢慢梳理这其中的前因后果。

2001年，瑞典政府为了促进全国上下的科技经济创新氛围，在其工业劳动与通信部（the Ministry of Industry, Employment and Communication）下面成立了一个专门机构VINNOVA，全称为"瑞典政府创新系统署"（Swedish Governmental Agency for Innovation Systems）。2015年，VINNOVA发表了一份长达232页的研究报告，题目叫《精细而美丽——芬兰与瑞典信息通信技术的成功之道》[1]。报告当中以相当的章节对瑞典的信息通信产业发展的历史以及今天所取得的成就给出了令人信服的阐述。笔者下面就借用该报告的论述思路，来回答本书的疑问。

在11世纪之前，斯堪的纳维亚半岛濒临的挪威海和北海海面上，到处飘扬着打家劫舍、杀富也杀贫的维京海盗旗。英国的杰克船长要是遇见维京海盗船，那只有被按在礁石上摩擦的份儿。那个年代的瑞典人信奉的是原始拜火教，《北欧神话》里的人物与古希腊神话和中国神话传说的大仙们都差不多，喝酒泡妞一样都不少，除了说谎是认真的，其他都是虚假的，也没有什么高贵的出身。中国古代神话中的玉皇大帝，传说就是因为天上众仙抢位争执不下，然后派太白金星到凡间明察暗访，最后是一位名叫张友人的寨主中了大奖[2]。《北欧神话》里面的神王奥丁也是通过竞争而来的，"持有此矛者，将统治世界"，所以也不是天授神权。但自从那位诞生在耶路撒冷伯利恒马厩里的圣婴来到人间之后，奥丁就黯然退位给天父了。而到了16世纪，受马丁·路德的影响，受够

1　VINNOVA, "Small and beautiful, The ICT success of Finland & Swiden".
2　张友人的人品好，名字取得更好。看来天上不仅能掉馅饼，还能掉龙椅啊！

了天父及其代理人教皇欺压的瑞典人决定只听耶稣的话"因信称义"[1]。新教作为国教地位的确立,让瑞典人与万里之外美洲大陆上"五月花号"的移民们有了共同的语言和革命友谊。

到了19世纪中叶,欧洲和北美大陆的工业革命开始蔓延到瑞典,自由革新的思想以及随之而来的新技术给维京海盗的后人带来了新的希望。此时的瑞典社会逐步向公民自由社会过渡,包括解禁进出口贸易,鼓励各种公司从事工业化生产与自由贸易等。当时的瑞典成了不收任何关税的一个自由岛。从19世纪中叶开始,瑞典也逐步赶上了新工业革命和新技术应用的潮流。

图 14.4 爱立信

1853年,瑞典已经建立了一个覆盖全国的电报通信系统。1876年,现代中国人熟悉的第一个瑞典人"爱立信"(Lars Magnus Ericsson)闪亮登场了。

说起爱立信,中国读者会有什么印象?是不是想起了大哥大?想起了20世纪90年代的成都街景:那些关机之后还对着大哥大

1　瑞典还是"路德宗世界联盟"(LWF)总部所在地。

图14.5 还记得"大哥大"吗?

一阵狂吼的可爱的弄潮儿们[1]:"啥子嘛?三千辆桑塔纳?已经到了海关进不来?我还以为多大的事儿呢。等到起,我马上找王哥疏通一下,分分钟搞定。"然后就再也没有音讯了[2]。

爱立信先生在1876年的时候正值而立之年,据说他也是一个极为注重个人隐私的人。他与合伙人在斯德哥尔摩市中心租了一间仅仅13平方米的厨房,还雇用了一个12岁的童工,开始了"爱立信电信"的传奇故事。一开始,他们只是从美国那边买原装货,然后进行拆解、复制。不知道贝尔先生后来是不是找爱立信要过知识产权保护费[3]。尽管美国贝尔公司的通信设备在1877年就开始进入瑞典市场,但第二年爱立信也已经在市面上销售自己的高仿货了。与此同时,为了竞争瑞典的电信业务,瑞典本地电话公司与财大气粗的贝尔电话公司开始大打价格战,看谁割肉割得更狠,其结果是消费者大占便宜。到了1885年,仅斯德哥尔摩一个城市就有5000部电话装机,成为同时代全球各国城市电话装机

---

1 20世纪90年代在我国流行的第一代移动电话主要是摩托罗拉生产的,但实际上瑞典的爱立信是最早推出移动电话的厂家。

2 还有香港影星万梓良在电影《大哥大》里演的那个角色,真是"十个大哥,九个蹉跎,剩下一个在洗脚"啊!

3 贝尔公司当时并没有在瑞典申请电话发明专利,所以爱立信这样做并不违法。

容量的冠军！[1]而这期间，爱立信公司的业务也开始快速增长。直至今天，虽然开创了第一代移动通信标准GSM的爱立信在智能手机方面先输给摩托罗拉，后败给华为，但在全球通信基础设施行业，爱立信公司的设备依然是当之无愧的大哥大级别。

让我们抿一口清香沁脾的茉莉花茶，接下来谈谈瑞典的另外一个领域：计算机产业。本回开始说过，瑞典作为一个"永久中立国"，两边吃糖。所以在20世纪40年代末、50年代初电子计算机开始登上历史舞台的时候，瑞典人并没有像苏联社会主义阵营一样被美英拒之门外，而是在美英协助下雄心勃勃地开始布局这个新兴战略产业。

1947年，瑞典皇家工程与科学院及海军采办署联合向政府提出尽快向美国采购计算机，并拨款200万瑞士克朗。但由于美方将计算机列为国家重要战略资产而禁止出售给任何国家，因此瑞典人也不得不走独立自主、自力更生的道路。不过美方同意了瑞典皇家科学院派出一批年轻人去北美取经。瑞典取经团队一行五人，其中两人去普林斯顿跟随冯·诺依曼学艺，两人去哈佛大学霍华德·H.艾肯（Howard H. Aiken）小组[2]拜师，还有一人直接去了IBM。

1948年11月26日，瑞典政府正式成立了"瑞典计算机局"，开始着手自主研发电子计算机，并于1950年2月成功研发出首台基于电话继电器[3]的电子计算机"咆哮者"（BARK），这是当时在欧洲除英国和法国这两个联合国安理会常任理事国之外的第三

1　VINNOVA,"Small and beautiful, The ICT success of Finland & Swiden", p63.
2　著名的 IMB 与哈佛大学 Mark I型计算机的研发团队。
3　因为该机器的首席科学家康尼·帕姆与爱立信公司有许多合作。

个拥有电子计算机的国家，仅仅花了40万瑞典克朗。图14.6就是"咆哮者"及其首席设计师康尼·帕姆（Conny Palm）的合影。仔细看看"咆哮者"是不是具有浓郁的哈佛"MRAK I"型的身影？以至于MARK I的首席设计师霍华德·艾肯评价它是"哈佛之外看到的第一台能够运行的机器"。

"咆哮者"只是瑞典电子计算机产业的第一个试验品，真正的真空管电子计算机[1]BESK于1953年研发完毕，这是当时欧洲运行速度最快的机器[2]。与其他国家一样，瑞典人的第二台电子计算机BESK首先也是应用于国防科研领域。它的一个主要客户就是军迷们熟悉的瑞典航空与国防公司（SaaB）[3]。BESK主要用于计算飞机的空气动力学外形，以及军用机器人自动控制的解算工作。据称当年BESK还介入了瑞典人雄心勃勃的核武器研发计划。

1954年，SaaB公司与瑞典政府签署协议，免费使用政府研发

图14.6 康尼·帕姆与"咆哮者"

---

1 真空管计算机是当时主流的技术路线。
2 顺便提一句，1952年，华罗庚也在中国科学院数学所成立了国内第一个"电子计算机科研小组"，并推荐闵乃大担任组长。如同瑞典向美国学习计算机一样，我国第一代计算机科技人员也开始向苏联学习计算机技术。
3 该公司的品牌产品包括鸭翼"鹰狮"战斗机和"平衡木"预警机。

图14.7 瑞典人的骄傲——"平衡木"预警机

计算机所投入的各项技术，并开始由这家军火企业牵头负责计算机商业化的推动工作，从而成功地实现了"军民融合"。1963年，瑞典政府认为计算机产业已经来临，是时候放手交给各家公司自己去市场上拼搏了，所以瑞典计算机局在完成了它的历史使命之后就地解散。而瑞典全国，包括政府部门、公共领域和商业领域都在普及计算机应用。此后，瑞典的计算机与软件产业，包括游戏产业也得到蓬勃发展[1]。

从上面的描述可以看到，从16、17世纪开始的宗教改革，19世纪中叶开始的工业化进程和民主自由思想的传播，20世纪"永久中立"的国策，以及电信、计算机等信息技术产业的蓬勃发展，使瑞典社会各阶层"精神与物质文明双丰收"，都达到了相当富裕的程度。据联合国2017年全球创新力调查，瑞典排名第二。联合国统计的全球最幸福国家，2018年瑞典排第九。

川西名茶"碧潭飘雪"虽然花香袭人，但也有一个缺点，那就是不能灌太多次水。"开场白都听你讲了一个时辰了，花茶都喝成白开水了你小子还在'信天游'……"，笔者耳边响起了读者的抗议声。

1　VINNOVA, "Small and beautiful, The ICT success of Finland & Swiden".

好吧，接下来终于可以回答读者和笔者都感兴趣的问题了：为什么是瑞典出台了全球第一部国家层面的公民隐私数据保护法？

第十五回　开先河　瑞典依法保民权
新理论　个人信息设红线

　　上回说到，瑞典经济与科技非常发达，从20世纪五六十年代起，计算机等现代信息技术就广泛应用于社会各行各业。而经历了文艺复兴、宗教改革和工业革命后，凡是涉及公民权利的时候，公平、公正和公开的思想已经成为这个北欧国家的传统。因此，当20世纪60年代末，瑞典全国范围内大量采用计算机信息系统进行人口普查的时候，关于个人数据的存储与应用是否有法可依就成为全瑞典人广泛关注的重大事件。

图 15.1　个人信息登记表

　　为了回应全国老百姓的关注，瑞典政府下令成立了"皇家公共信息与保密委员会"（the Royal Commission on Publicity and Secrecy）来全面系统地调研计算机信息系统在这个过程当中是如何处理公众个人信息的，并且给出防止滥用个人信息的解决办法。而瑞典政府的这个举动其实包含了现代隐私数据保护的一个重要理论，我们将在本回结束的时候提及它。

该委员会经过近三年的调研，于1972年7月公布了它的调研分析报告《计算机与个人隐私》[1]，其中最重要的建议是采用"双剑合璧"的方法来保障信息时代的个人隐私。下面我们"剑分两柄，各演一支"：

首先是体制改革，进行顶层架构设计：成立一个"数据检查机构"（Data Inspection Board）来审核政府部门的计算机信息系统存储和处理的个人数据是否会侵犯隐私权。1973年，隶属于瑞典司法部（Ministry of Justice）的"瑞典数据保护局"（Swedish Data Protection Authority）正式成立，并履行上述"数据检查机构"的职责。目前这个数据保护局拥有40余位雇员，其中大部分是律师。该局的呼叫服务中心每周平均要处理200个来电和60~70封电子邮件，绝大部分是国民关于个人隐私的保护问题。此外，该局还代表瑞典政府承担了监控"申根信息系统"（Schengen Information System）的工作，这是一个包括"申根协议国"在内的跨国信息交换系统。

那么作为政府权威部门，瑞典数据保护局是如何定义个人隐私数据的呢？以下是该局官网对国民进行个人数据和个人隐私保护的科普宣传，通俗易懂。

先来看看什么是个人数据：

"个人数据就是与一个活蹦乱跳的人相关的任何信息。例如您的姓名、家庭住址、个人身份信息等。人们的照片也归

---

1 Bennett, Colin J. Regulating Privacy: Data Protection and Public Policy in Europe and the United States. Cornell University Press.

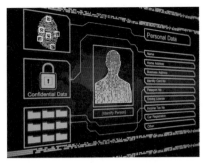

图 15.2 "脸书"（Facebook）个人隐私数据保护

到个人数据。事实上，即使是人们的音频信息，如果它们以数字方式存储，哪怕其中没有提到是谁录制的，也属于个人数据。一般而言，公司的识别信息不属于个人数据，除非这家公司就您一个人。此外，一旦指向具体的个人，那么车辆的注册号码也属于个人数据。"

显然，上面的这种表述方式并不是"个人数据"的严格定义，但它的优点是浅显易懂，只要登录这家"官方认证"机构的网站，普通百姓就能获得关于个人数据的百科知识。不过，从笔者的角度来看，上述解释也有一点瑕疵，那就是"个人数据"只限于一个大活人。那么我们逝去的前辈们就没有隐私需要保护了吗？[1]

下面我们再来看看这个官网对个人隐私是如何定义的：

"与君相关的数据都会被存储下来，而且会相伴您终生。无论您是在学校、银行、上班、购物、旅行、看医生、使用保险，甚至从图书馆借书的时候，这些数据都会被记录下来。而许许多多的研究者都希望运用您的数据。而一旦网上出现有关您的信息，那么也许有人正在关注您个人的隐私圈。"

1　事实上确实如此，目前欧美各国的隐私保护大都是针对"活着的人"。

"需要指出的是，在许多情况下，为了使各种公私事务正常地发挥作用，存储和处理您的个人数据也是必需的，然而对此您也有权设置一个保护区。事实上，瑞典宪法赋予了您在自己的个人信息被计算机系统滥用的时候获得保护的权利。保护您个人隐私的具体形式蕴含在各种各样的法律细节当中，而本局的职责就是确保这些保护措施是有效的。"

"例如，计算机可能仅仅因为某种特定的目的而存储关于您的个人信息，并在今后不会发生改变。而您将会被告知这些信息是如何处理的，您也有权检查这些信息是否准确，以及一旦有误的话还可以订正过来。"

从上面的解释中可以看到，20世纪70年代初由于瑞典首次采用计算机进行人口大普查而引发的公众对个人隐私数据的担忧获得了官方的积极响应，既从宪法和执法部门的角度考虑了个人隐私关切与保障机制，也解释了在计算机网络时代为何需要在一定条件下使用公民的个人数据。

下面我们简要介绍一下瑞典皇家公共信息与保密委员会在《计算机与个人隐私》报告当中砍出的第二剑：制定个人数据保护法。这就是1973年4月由瑞典国会通过并于同年7月1日正式颁布实施的全球首个国家级关于个人隐私保护的《瑞典数据法》（*Sweden Data Act*）[1]。

《瑞典数据法》的核心条款充分展现了"双剑合璧"的威力：

1　该法对个人数据的存储与处理涉及瑞典其他法律法规，随后也导致了关于《出版自由法》（*The Freedom of the Press Act*）、《个人信用信息法》（*The Credit Information Act*），以及《债务追讨法》（*The Debt Recovery Acts*）等一系列也会使用计算机信息系统存储和处理公民个人信息的法律法规的修改和完善。

一个计算机信息系统要存储与处理公民个人信息，首先必须获得瑞典数据保护局的授权。

瑞典人认为，在处理关于自己的数据的时候，无论与政府机构还是私营企业相比，个人都处于"弱势地位"；另一方面，这些机构在从事个人数据处理的时候，如果每一次操作都要询问具体个人同意与否也是不现实的，因此要委托一个权威部门来授权给这些处理个人信息的机构。

然而，"理想很丰满，现实很骨感"。这个全球首个国家级数据保护法在接下来的具体实施过程当中，由于"凡事需要请示汇报"，负责处理公民个人信息的政府部门和私营机构（例如电话公司的话费账单、银行的个人信用卡等）海量般的授权申请很快就让这个小小的"瑞典数据保护局"苦不堪言！究其根本原因，还是在于首次"吃螃蟹"的时候，没想到一口咬下去有这么多残渣碎壳：该法律定义的个人信息涉及面太宽，从而反过来影响欧洲人一直视为珍宝的"言论自由"。下面举两个例子来说明该法案在实施过程中遇到的尴尬场面：

1978年，瑞典首个BBS论坛被禁坛了，原因就是根据《瑞典数据法》关于个人信息的规定。在坛友们的抗议浪潮当中，半年后又获准重新开坛，但有一个前提条件：不能谈论敏感话题，例如政治和宗教信仰！这个规定的法律依据就是在《瑞典数据法》当中，公民的政治与宗教信仰数据属于个人数据，除非极少数例外的情况，否则都不能在BBS论坛上涉及。

1990年，一位瑞典作家被禁止使用一台个人笔记本电脑从事写作，因为这台电脑存储了个人信息，例如各种人名。愤怒的作家马上上诉，言论自由哪里去了？于是将政府部门告上了法庭。官司打到最后是瑞典政府败诉，不得不作出"例外"的让步，而判罚的法律依据比较"曲折"：瑞典宪法保护言论自由有多种模式。在瑞典宪法当中，出版自由与新闻广播自由是以某种特殊的方式来进行保护的，而言论自由又是用另外一种方式来保护的。在后一种定义当中，政府部门是可以根据个人隐私的定义来解释"言论自由必须受限"，这也是这位作家被禁止使用个人笔记本电脑来写作的原因。然而瑞典宪法并没有赋予政府部门在涉及出版自由或新闻自由方面的这种解释权。因此法庭判决这位作家可以继续使用个人电脑写作，因为"出版自由"！

上述这些例子以及许许多多其他的由于《瑞典数据法》的实施而引发的矛盾冲突，并非说瑞典人首创的个人隐私数据法律保护的初衷不好，而是说"实践是检验真理的唯一标准"。事实上，瑞典立法机构也很快开始了对该法案的修订工作。1989年，瑞典政府又成立了一个数据保护委员会专门负责全面审视这个数据法。1993年，该委员会给出了审核报告，并建议由于欧盟即将出台《数据保护指令》（*Data Protection Directive*）[1]，所以瑞典政府应该着手制定一个全新的数据保护法案。在这个报告建议的基础上，瑞典人重新审视了第一代"双剑合璧"的法律并进行了整改，这就是1998年推出的《个人数据法》（*Personal Data Act*），并与欧盟"数据保护指令"相一致。再往后，它又将与2018年生效的欧盟《通用数据保护法》[2]相结合，这是后话不提。

下面我们仅仅从"普法"的角度来看一看瑞典《个人数据

1　参见本书后面章节关于《欧盟数据保护指令》的内容。
2　参见本书后面章节关于《通用数据保护法》的内容。

图 15.3　隐私数据保护

法》（1998年版）的基本概念，以便让我们对什么是个人数据，以及隐私数据保护的基本操作有一个浅显的认识，顺便看一看作为第一个吃螃蟹的，瑞典人给人类隐私信息保护作出了哪些有意义的贡献。

个人数据处理（Processing of personal data）：

"指任何涉及个人数据的操作或一系列操作，不管它是否自动发生。包括：采集、记录、组织、存储、修改、检索、汇聚、使用、传输，或者个人信息为他人所用时进行的调整、组合、阻断、删除，或销毁。"

个人数据阻塞（Blocking of personal data）：

"指这样的操作：阻止将个人数据与那些它们受限制的信息相联系，从而使得个人数据不会提供给第三方，除非符合'新闻自由法第二章的规定'。"

个人数据（Personal data）：

"所有直接或间接与一个活着的自然人相关的信息。"

个人数据的控制者（Controller of personal data）：

"负责决定处理个人数据的目的或意义的个人或者一组人员。"

个人数据助理（Personal data assistant）：

"根据个人数据控制者的指示进行数据处理的人员"。

个人数据代理（Personal data representative）：

"指这样的自然人，受数据控制者指派，并能独立地确保个人数据以正确合法的方式进行处理。"

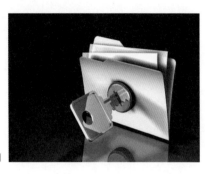

图 15.4 个人档案加密概念图

注册者（The registered person）：

"与个人数据相关的个人。"即本书后面提到的"数据主体"。

许可（Consent）：

"指当收到关于要处理他或她的个人数据的消息之后，由注册者自愿、指定并且非常清晰地表达的任何一种意愿。"

监督机构（Supervisory authority）：

"指被政府部门指定从事监督职能的机构"。

第三方国家（Third country）：

"非欧盟成员或非欧盟经济共同体成员的国家。"

第三方人员（Third person）：

"指这样的个人，他既非注册者、个人数据控制者、个人数据代理、个人数据助理，也不是个人数据控制者或个人数据助理直接指定或授权处理个人数据的人员。"一句话，路人甲。

瑞典人在20世纪70年代初所颁布的人类有史以来第一部个人数据保护法案尽管还很不成熟，并且出台之后就麻烦不断，但笔者又想起本书前面提到的古希腊米利都学派："米利都学派的重要性，并不在于它取得的成就，而在于它所尝试的东西……他们所提出的问题是很好的问题，而且他们的努力也鼓舞了后来的研究者。"

图 15.5　阿兰·威斯汀

作为本回的结束，特别要提到瑞典人在个人数据立法方面所蕴含的一个现代隐私数据保护理论："信息控制理论。"这是个人隐私信息保护理论中的主流学派，简单地讲，就是"隐私权就是个人、团体或机构自主决定何时、以何种方式、在什么地方、以什么程度与他人沟通自己的信息"。这种隐私信息的定义比瓦伦律师的定义更具有"可操作性"。这是由美国哥伦比亚大学现代隐私权专家阿兰·威斯汀教授提出来的[1]。该理论后来成为欧美各国制定隐私信息保护法律的理论基础之一[2]。

顺便说一句，威斯汀老先生当年是如何开始关注个人隐私数据保护的呢？

"20世纪50年代麦卡锡主义者们成天臆想全美到处都是共产党员，受此影响，我对公民隐私保护产生了浓厚的兴趣。"威斯汀教授真是一位颇有"正义感"和"独立思考"的学者！

"今天，一位率先在信息时代各个领域探索个人隐私保护并广受尊敬的学者，阿兰·威斯汀离我们而去，享年83岁。"《华盛顿邮报》2013年2月13日报道。

---

1 威斯汀教授也是消费者数据隐私理论领域的开创者之一。
2 威斯汀教授在一生当中还撰写了包括《现代社会的隐私问题》《隐私与自由》等至今影响深远的著作。

第十六回　定原则　美国推出新法案
　　　　　绘蓝图　学者探索新理念

记得很多年前读过一个笑话，说某个权威调查报告的结论是这样写的："使用诺伯特·维纳范式与现场总线技术进行全自动控制的紧耦合系统在解耦过程中不受控制地与刚性客体发生了接触。"这段让人云山雾罩的话，读完之后您知道是什么意思吗？其实写这个调查报告的专家应该直白地说"飞机坠毁了"。

下面我们再来看看这段话："美国法典第五编修正案，增加了第552a条，以保护公民个人隐私不被联邦部门的各种记录所滥用；允许每个公民查阅联邦机构保存的有关他们的记录；设立一个隐私保护研究委员会，并用于其他目的。"您知道这是什么意思吗？其实这就是美国1974年《隐私法案》（*Privacy Act*）的全称，它被纳入美国法典第五编"政府组织与雇员"，形成了该法典的第552a条。

从1890年到1974年，自从瓦伦大律师提出"隐私权"的概念以来，整整84年之后美国司法系统终于正式推出了个人隐私保护的法律[1]，真可谓"千呼万唤始出来，犹抱琵琶半遮面"。既然

---

[1]　当然，在这之前，美国司法部门也制定了一些涉及个人隐私保护的法律，例如1966年的《信息自由法》、1970年的《公平信用报告法》等。

已经正式命名"隐私法",为何又说它是犹抱琵琶半遮面呢？因为在美国庞大而繁杂的法律体系当中，还有很多法律条款也涉及个人隐私保护，而1974年《隐私法案》所涉及的个人隐私保护也是有一定的范围的。对此，本回将逐一慢慢地解释。

为了阅读本回，性格不急的读者不仅要泡一杯上好的"碧潭飘雪"，还应该再来一杯青城山的"竹叶青"。

首先应该指出的是，尽管美国司法系统在"隐私权"概念产生80多年之后才出台"隐私法"，但纵观西方各国，这个北美大陆的国民其实是最注重个人权利，因此也是非常注重个人隐私的[1]。这种对个人隐私尊重和保护的优良传统甚至也渗透到不少政府部门的雇员当中。一个典型的例子是1942年，这是世界反法西斯战争最为艰苦的一年，美国正在一万八千多万平方公里的广袤的太平洋（相当于十个俄罗斯的国土面积，或者十个美国加十个中国的国土面积）上与日本帝国生死相搏掰手腕。美国政府大概也认同"攘外必先安内"的道理，所以联邦政府战争部[2]（the War Department）（这个一听名字就知道其权力有多大的部门）要求美国人口普查局（这个一听名字就是"路人甲"的部门），向战争部提供刚刚在1940年完成的人口普查当中的一个数据：所有居住在美国西海岸地区的日裔美国人的姓名、住址。战争部担心这些身上流着"天照大神"血液的美国人会帮助山本五十六的特混舰队在背后打闷棍送情报，所以决定把他们统统迁往内陆地区。

1　当然，也和其他国家的人一样喜爱打探个人隐私，尤其是美国国家安全局这样的机构。

2　第二次世界大战结束后，战争部一分为三，变成了现在的美国陆军部、海军部和空军部。

图 16.1　著名"二战"电影《中途岛》
剧照

然而没想到"路人甲"一点也"不顾国家安危、民族大义",还搬出美国法典第13编中"禁止披露由个人提供的人口普查数据"的法律条文来据理力争,并最终让权力熏天的战争部吃了一个闭门羹[1]。当然,最后美国联邦政府还是采用其他手段如愿以偿地把这些日裔美国人迁移到集中营去了[2],战后联邦政府还不得不为此道歉。不过这也再次说明个人隐私遇上国家民族生死关头的时候往往会退居其次。

　　让我们抿一口清茶压压惊,再次回到美国的《隐私法案》上来。我们最关心的是这样一些问题:一是美国的《隐私法案》出台的背景是什么?二是美国的《隐私法案》是否从瑞典人那里借鉴了什么?三是与瑞典人遵循"信息控制理论"来制定隐私数据保护相比,美国的《隐私法案》有没有什么新的贡献以便让世界其他国家借鉴?

　　先让我们尝试着回答第一个问题。1974年《隐私法案》条文

1　参见《档案记录、计算机与公民权利》。
2　好莱坞著名的战争影片《中途岛》里面就有这方面的精彩描述,如图16.1中美军飞行员去探望被关在集中营当中的日裔美籍未婚妻。

的第二节[1]就开宗明义提到"美国国会发现联邦政府部门采用计算机处理公民个人信息的时候，对公民隐私权带来了巨大威胁。为了体现美国宪法对公民隐私权这一基本权利的维护，本届国会决定采取相应的立法手段"[2]。

持同样观点的还有美国联邦政府最大一个事关"民生"的部门：联邦健康、教育与社保部。该部门在代表联邦政府制定各种"惠民工程"的时候需要采集大量的个人信息。而这些信息都有一个"锚链"把它们汇聚在一起，即美国人的"社会保险号"（Social Security Number, SSN）。所以部长先生非常关注一旦掌握了SSN，那么所有的个人数据都可以挖掘出来[3]。"和汽车、摩天大楼、喷气飞机一样，对于计算机有可能给美国社会带来的负面影响，我们最好能够未雨绸缪。"在阐述了现代信息技术将给美国人带来诸多好处之后，时任部长卡斯帕·W. 温伯格[4]（Caspar W. Weinberger）在该部门成立的一个名为"自动化个人数据系统"[5]（Automated Personal Data Systems）顾问委员会提交的报告上写下了上述这段话。这个顾问委员会成立于1972年春季，经过一年多的调研，在1973年7月1日（这一天也是瑞典人正式实施全球首个《数据法》的日子）提交了一份名为《档案记录、计算机与公民权利》（*Records, Computers and the Rights of Citizens*）的调研

1　第一节就是本回开始的时候那一段冗长的"八股文"，所以实质性内容从第二节开始。

2　希望了解具体法律条文的读者请直接阅读《隐私法案》。

3　参见 Willis Ware. *RAND and the Information Evolution: A History in Essays and Vignettes.* 2008 RAND-CP537.

4　作为第二次世界大战中在太平洋上与日军厮杀过的老兵，温伯格担任的最著名的公职是后来在里根政府期间任国防部长。

5　美国人的"八股劲儿"又上来了，干吗不直接说计算机？

图 16.2　里根政府国防部长温伯格

报告[1]。而正是这一份报告，确立了美国《隐私法案》对隐私信息保护理论的一个新的贡献。不过我们还是先回答上面提出的第二个问题吧：美国的《隐私法案》与瑞典人有何关系？在上述调研报告当中，专门提到了瑞典的《数据法》以及瑞典政府为此进行前期调研的分析报告《隐私与计算机》（*Privacy and Computer*）[2]。而且我们也可以从《隐私法案》的具体条款当中看出，美国人也与瑞典人一样采用了"信息控制理论"这一重要工具来保护个人隐私信息。

　　然而，美国的《隐私法案》对世界各国隐私信息保护相关的法律法规最大的贡献是所谓的"五大原则"。而这个著名的五大原则最早就出现在上面这个研究报告当中。说得再精练一点，在这个研究报告当中，美国人第一次确立了现代信息社会当中公民个人隐私信息保护所谓的"公平信息实践原理"（Fair Information Practice Principles）。

　　打住！又来一个什么原理？不知道读者还记得本书前半部分提到的贝尔实验室那位香农大师？他对隐私保护的一个重要技术

1　参见《档案记录、计算机与公民权利》。
2　同上，参见"前言"及"附录"部分。

贡献（当然，不仅仅是用于隐私保护）就是制定了评价一个加密算法的两个基本原理，从此让人们对密码算法有了一个科学客观的衡量标准。

看来在西方，无论是工科男还是文艺范儿都喜欢制定基本原理啊！其实这就是笔者想在这里强调的一种方法论的东西。受古希腊逻辑思想的熏陶，不管是自然科学研究还是社会科学研究，西方学者往往喜爱采用这种"基于原理/公理推导后续若干结论"的研究方法。

下面我们就简要介绍一下这个"公平信息实践五大基本原则"及其背后的基本思想。如果您觉得有点烧脑，那么我们就一起回忆一下初中的时候学过的一门数学课——平面几何[1]。这门课是不是专门从不证自明的欧几里得五个公理开始讲起？接下来可爱的数学老师就开始用各种辅助线和证明题把您折磨得生不如死？是不是您看到自己孩子的平面几何试卷的时候，不断地告诫自己"孩子是亲生的，亲生的……"？

图16.3 毕达哥拉斯学派与几何学

---

1 准确地讲应该叫"欧氏几何"，最早源于本书前面提到的毕达哥拉斯学派。

再喝口茶舒缓一下心情，我们一起来看看美国人制定的现代信息社会隐私数据保护的五大原则是什么[1]。

1. 告知与警示（Notice/Awareness）。任何一个机构在采集个人信息之前都应该明白无误地告知被采集信息的个人，他或她有什么样的信息将被收集，用途是什么等。这样的场景人们一定不会陌生：下载了一个手机APP之后，将会读到一段冗长的法律味道很浓的通知，大体内容是关于收集你个人信息的"免责声明"。

2. 选择权与同意权（Choice/Consent）。从本质上来讲，这就是"信息控制理论"的应用。将个人信息是否被披露，以及披露方式的控制权交给被采集者本人。还是以上面说的APP为例，预计绝大多数情况下您会直接跳到最后的"Yes"或"No"，然后一咬牙选择其中之一。

3. 控制与参与（Access/Participation）。个人不仅能够看到自己被任何一个机构采集的信息类型，而且还能验证这些信息的准确性。同时，采集信息的机构，无论是公司还是政府部门，还应提供非常方便的路径让个人能够进行控制。例如您在某个主流搜索引擎上看到有关自己的信息。那么请问您是否对此有控制权？一旦发现有错误的时候是否方便修改？甚至您根本就不想在网上当网红，是否能够要求这个机构删除所有信息？

4. 完整性与安全性（Integrity/Security）。这个应该很好理解。负责采集个人信息的机构必须确保这些信息的完整性，并提供内外安全。对内，机构内部的员工对这些数据的处理权限是什

1　参见《隐私法案》。

么。对外，能够抵御来自网络空间的各种安全攻击。不少读者可能都有这样的经历，在某机构注册的个人数据不知为何却流落到了完全不相干的人或公司手中，并让你不胜烦恼。是内部安全存在漏洞，还是外部安全出了问题？恐怕极少有谁给您一个明确的答复吧？除非您被逼无奈拿起法律的武器。

5. 执法与赔偿（Enforcement/Redress）。为了确保采集信息的机构遵循这个"公平信息实践原理"，就必须要有法律的介入。美国人设计的这个原理当中，给出了三种法律介入的方式。一是机构自己遵循相关法律法规，或者指定的第三方机构来审核该机构是否遵循相关法律法规。例如上一回讲到的瑞典"数据保护局"就扮演这种第三方机构的角色。第二种是个人赔偿，给予被滥用了信息的个人索取赔偿或控告相关机构的权利。"我们将保持追诉×××的权利"，现在经常在网络上看到某某人的名誉受到损害之后，受害人会发出这样的律师申明。第三种当然就是政府执法部门的介入了。这一般适用于产生重大社会影响的个人信息滥用案件。

需要指出的是，美国人在1973年撰写的报告《档案记录、计算机与公民权利》当中发明的这五大原则并非强制性的法律，而是让各个机构自愿用于营造友好的隐私保护氛围。而今天网络社会当中，它们也越来越成为各个商家表明自己对用户隐私数据的保护而自愿采用的手段，不过读者也不应因此放松保护自己个人隐私数据的警惕性。

关于隐私信息保护的这五大原理，笔者还想指出一点的就是它们构成了现代隐私信息保护框架的基石。为了形象地理解这一点，还是让我们以小时候学习过的欧氏几何为例吧。我们都知道，数学之所以成为其他自然科学的逻辑基础，就是因为它本身是建立在公理化体系之上的。如果把它想象成一棵庞大繁茂的理论、定理、命题之树，那么它的树根就是几个"不证自明"的公理，例如欧式几何一共有"两点成一线""不在同一条直线上的三点构成圆"等五个公理[1]。既然是公理，那么对这些科学基石（数学）的基石（数学公理）有什么要求呢？要求就是这些公理要具有"独立性"和"完备性"，形象地说，即"不能相互替代"和"不能相互矛盾"。

因此从公理化这个角度来讲，上述"公平信息实践五大基本原理"也构成了"隐私保护法律的公理体系"，因为从第一个原则直至第五个原则，体现的是一个采集个人隐私信息并加以保护的全部流程，每一个环节都不能相互取代，也不相互矛盾。从第一步到第五步形成了隐私信息保护的闭环，环环相扣，互不纠缠。

五大原则既然是隐私保护法律的公理体系，那么接下来在法律条款的制定当中，就要从这五大原则出发并逐一加以细化，而且还要保证条款之间互不矛盾，就如同证明一道几何题一样。而这也是美国国会那些立法者们在制定《隐私法案》过程当中所做的"数学证明"作业。出这道作业题（提出这个法律议案）的是来自美国北卡罗来纳州的经常以"乡村律师"自居的民主党参议员塞缪尔·J.埃尔文。如果读者不熟悉他的话，那么美国总统尼克松对他可是终生难忘且恨得牙痒痒，因为这位乡村律师是调查"水门事件"丑闻的主力。他的调查报告最终导致尼克松这位共

1　严格地讲，欧式几何公理体系只包含四个公理，第五公理，或者说"平行公理"是可以更改的。而一旦修改，就成为非欧几何学。它们共同构成了所谓的现代几何学。

图16.4　塞缪尔·J.埃尔文

和党总统成为美国历史上首个被迫辞职的总统。更有趣的是，从时间上看，这位乡村律师一边调查尼克松总统的违法行为，一边还在百忙之中拨冗研究隐私立法。

　　1974年的最后一天，12月31日，接任尼克松总统位置的福特总统正式签署《隐私法案》并颁布实施。

　　与瑞典人的《数据法》类似的是，《隐私法案》颁布后也在不断修订。此外，《隐私法案》还要求每个联邦政府部门都要成立一个"数据审查机构"以回应公民关于自己个人数据的关切，而瑞典则是集中在一个部门。此外，它还要求美国总统每年都必须向国会提交一个隐私法执行情况的汇报[1]。而与瑞典《数据法》最终被废弃不同的是，美国人的隐私法至今有效。目前它主要的局限性是：法律当中规定的"掌握个人档案记录的机构"仅仅是指联邦政府这一层面的政府部门。换言之，不是联邦政府机构但又掌握了个人信息的机构不受这个法律规约。此外，2017年1月25日，刚上台的特朗普总统就签署总统令，规定《隐私法案》所保护的对象仅仅限于美国公民和合法拥有美国绿卡的人士。而且对于所

1　参见《隐私法案》。

采集的公民个人信息，该法案还规定了若干合法使用个人信息的"例外"情况，包括：人口或劳动力统计、政府机构内部之间的信息沟通、执法部门的使用、用于国会调查，以及其他行政目的等。

回顾美国《隐私法案》的立法过程，有不少值得其他国家借鉴的地方。首先是在立法之前进行的"公平信息实践"方面的全面、详细的调研，而且参与调研的人员均为法律界、计算机科学界、网络安全界、医疗界、教育界[1]的知名学者和政府部门的官员。这群"老夫子、老学究"在调研过程当中还特别较真、一丝不苟，完全是从事学术研究的严谨态度。例如，在分析计算机给个人隐私带来什么样的变化的时候，首先要厘清的就是"档案记录"（records）这个概念。老夫子们甚至从位于法国巴黎的考古博物馆中搬出了一个证据，那是一万四千年前刻在老鹰骨骼上的一些符号，代表着古人类对日历的记载。老夫子们考证这些就是人类为了辅助自身记忆而发明的最早的记录手段[2]。然后洋洋洒洒数百页从古到今，从活字印刷到电子计算机，阐述了人类的档案记

图 16.5　巴黎考古博物馆的鹰骨

1　专家组成员当中有医疗、健康和教育界的专家及官员的原因是，《隐私法案》需要规范的主要领域就是医保、社保和学生贷款等涉及个人隐私以及相应的联邦政府的政策制定。
2　参见《档案记录、计算机与公民权利》报告的历史发展部分。

录手段是如何演化的、当今又面临什么威胁、应该具备什么样的安全保障措施……

"公平信息实践"起源于《隐私法案》立法调研，但它的影响更加深远，1973年的《档案记录、计算机与公民权利》报告，以及四年后出台的报告《信息社会的个人隐私》（*Personal Privacy in an Information Society*）均对今天网络时代的个人隐私保护，例如现在的各种"消费者隐私保护"理论等领域，发挥了开创性的作用。关于后面这个报告，我们将在下一回予以介绍。

如果说贝尔实验室的香农大师写出的《通信的数学原理》以及《保密通信中的数学原理》是现代信息时代和现代密码学的奠基之作，是信息江湖的"九阴真经""九阳真经"，那么《档案记录、计算机与公民权利》和《信息社会的个人隐私》这两份报告就是网络时代洪七公的"打狗棒法"和"降龙十八掌"，在许许多多隐私保护理论和技术框架当中，都能看到它们的身影。

"尊敬的部长先生：

受自动化个人数据系统部长顾问委员会的委托，鄙人非常荣幸地向您呈上这份报告。本委员会认为，对于深刻理解由于将计算机技术应用到人们的信息档案而引起的各种问题，该报告作出了显著的贡献。对于总体框架设计、贵部门以及整个联邦政府机构随之需要采取何种行动来解决上述问题，该报告均给出了各种对策建议……

您忠实的

顾问委员会主席

威利斯·W.威尔"

在《档案记录、计算机与公民权利》这个报告的开头，委员会主席威利斯·W. 威尔（Willis W. Ware）给美国"健康、教育与社保部部长"写下了上面这一段话。威尔先生也是后来撰写《信息社会中的个人隐私》报告的副主席。但是，谁是威利斯·W. 威尔？

笔者脑海里突然冒出电视剧"水浒传"的主题曲："路见不平一声吼哇 该出手时就出手哇 绝招都是兰德有啊 嘿呀 依儿呀唉嘿唉嘿依儿呀……"

绝招都是兰德有？！看来我们又要从那家著名的智库说起了……

第十七回　工程师　网络安全劈新天
思想库　真心英雄再论剑

在当今信息社会，如果要选一位既是"资深计算机专家"，又关心因为滥用计算机而带来社会问题的"著名社会学家"，这样的复合型学者可能有很多，像笔者这样游走江湖的"砖家"更是如过江之鲫。但如果说谁是真正的复合型专家并且排第一的话，笔者这一票将投给兰德公司的威利斯·W. 威尔。

当年威尔从宾夕法尼亚大学和麻省理工学院分别获得电子工程学士和硕士学位之后，正逢第二次世界大战爆发。年仅22岁的他就积极参与军用雷达的研发工作。战争结束后的1946年，威尔又"游学"到本书前面提到过的"大发战争人才财"的普林斯顿高等研究院（Institute of Advanced Study, IAS），给冯大侠当助手，并成为研发全球首台采用"冯·诺依曼体系架构"的通用电子计算机的"江南七侠"之一[1]。在花了五年时间[2]彻底摸清IAS计算机的结构之后[3]，威尔于1952年加入兰德公司，在那里一待就是52年，成了为该智库工作年限最久的员工。作为一个对比，我们来看看NBA这个以薄情寡义而著称的场所。喜欢篮球的读者

1　参见"Electronic Computer Project". Institute for Advanced Study.
2　IAS计算机的研发工作仅仅花了一年时间。参见IAS计算机简介。
3　同时威尔也拿到了博士学位。

可能知道谁是"从一而终"最久的球星：小牛队（现在叫"独行侠"）的德国人诺维斯基。老牛诺维斯基在小牛奉献了一辈子[1]，在本书撰写的时候已经为这支德州牛仔队打了整整21年球了。而"江南七侠"之一的威尔在兰德公司完全称得上是"诺维斯基"式的支柱。为啥呢？

首先是因为他深度参与了第一代电子计算机IAS的研发工作，威尔到兰德公司后长期担任该公司"计算机科学部"的主管，"在计算机还仅仅出现在科幻小说中的时候，威尔是将计算机引入兰德公司的第一人"，时任兰德公司的总裁兼CEO迈克尔·D.里奇（Michael D. Rich）给出了这样的评价。兰德公司这个"计算机科学部"有多牛呢？举两个例子吧：20世纪60年代兰德公司有大量难以辨认的中文手写体需要处理，所以威尔就带领一帮兄弟研发了世界上首个中文输入软件系统。不知道读者还记得我们自己首个中文输入法是什么时候研发出来的吗？[2]至今仍是一笔糊涂账！

图17.1 兰德公司研发的世界上首个中文输入软件系统

---

1 与"小牛"的情怀相比，"公牛"就差远了，想想当年的六冠王篮球之神乔丹。
2 除了兰德公司的中文输入系统之外，撰写一部中国人（包括海外华人）自己研发的汉字输入软件的发展史将是一个很有趣的研究课题。

图 17.2 兰德公司研发的世界上首个 "iPad"

又如苹果公司的 iPad，最早的原型系统也是兰德公司这个计算机科学部在 20 世纪 70 年代率先研发出来并用它来处理地理信息影像。

此外，如果读者还记得兰德公司那位在 20 世纪 60 年代初就发明了互联网这一概念的大咖保罗的话，那么威尔与保罗又是什么关系呢？威尔是保罗的顶头上司！威尔在史诗般建造地球村互联网的创新活动当中也扮演了非常重要的角色。有兴趣的读者可以去阅读《兰德公司与信息革命》一书[1]。

不过，威尔自己在兰德公司作出的最直接的贡献是另外两类（不是两件！），兰德公司也因此广为世人所知。一类是他带领的一个综合性委员会首先建立了"计算机安全"这个领域。另一类是他带领另外两个委员会建立了"公平信息实践基本原则"并开创了信息社会个人隐私保护这个领域。

1　Willis Ware, "RAND and the Information Evolution: A History in Essays and Vignettes."

如果说19世纪末的瓦伦大律师有一个"隐私权"的梦想，那么威尔就是他的圆梦人。

由于计算机安全与当今个人隐私信息保护密切相关，我们首先介绍威尔在这个领域开创性的贡献，然后我们再一起补完《公平信息实践原则》的后半部分——《信息社会的个人隐私》这部大部头名著。

读者可能还记得本书前面提到过MIT的一些学生曾经因为利用学校的计算机盗打长途电话而被开除，他们算是计算机出现后第一批负面意义上的黑客。但20世纪60年代初"区区几个小蟊贼"还不足以催生"计算机安全"这个在今天已经是振聋发聩的科技领域。蟊贼们发威是20世纪七八十年代之后的事情，后面我们会提到。

那么是什么原因催生了计算机安全呢？年纪稍微大一点的读者也许记得，20世纪60年代末是世界各国都处于"风云激荡"的年代。而在科技领域，美国人正在悄然埋下20年后硕果累累的三粒种子：第一粒是互联网，它的雏形ARPANET正在不断生长；第二粒是今天已经成为全球最大产业之一的软件工程[1]；第三粒就是1967年开始酝酿并于1970年诞生的计算机安全体系。今天人们把催生这个体系的研究报告称为《威尔报告》[2]。

限于篇幅，笔者在这里也只重点介绍这个新领域产生的背景、意义和主要框架，希望了解细节的读者可自行检索相关文献[3]。

1　参见1968年北约组织的"软件工程"会议。这又是一个精彩纷呈的历史画卷。限于篇幅，这里忍痛割爱。

2　参见兰德公司解密报告RAND-609.

3　同上。

图 17.3　UNIVAC-494 大型计算机

计算机安全, 或者用今天更时髦的话讲, "网络空间安全"这个词, 最早起源于 "计算机保密通信的安全"[1]。从 20 世纪五六十年代开始, 计算机就被 (首先) 大量用于国防科技领域。而最关注计算机保密的单位是谁呢? 就是近年来出镜率颇高的网红——美国国家安全局 (National Security Agency, NSA)。熟悉网络安全的读者都知道它有两个职能。一个是攻, 美国网络司令部就是它另外挂的一块牌子。还有一个是防。所以 NSA 就像老顽童周伯通一样, 一直都以左手打右手为乐, 而且这个部门还装备了许许多多那个年代最厉害的武林大杀器——比如 UNIVAC-494 大型计算机。生产这个庞然大物的企业与美国军方的关系非常深, 别的不说, 莱斯利·格罗夫斯将军 (Leslie Groves) 退役后就当过这家企业的老板。他是美国原子弹 "曼哈顿工程" 的主管, 相当于负责我国 "两弹一星" 的张爱萍将军[2]。

可以想象, 每一天 NSA 不仅在其总部[3]有许许多多高度保密的电子文档需要处理, 而且还要随时与遍布全球的各个情报站保持

1　参见兰德公司解密报告 RAND-609.

2　当然, 张爱萍将军是我国将星云集当中最著名的儒将。

3　NSA 的总部兰利位于马里兰州的福特堡基地。

实时联系，而所有这些工作都是靠计算机联系在一起的。用威尔在报告里的话来讲，这是"资源共享型计算机"（resource-sharing computer）。注意，那个年代互联网还在襁褓当中，而NSA的资源共享型计算机系统早已遍布全球。那么是什么原因让NSA开始关注计算机保密，并开始组织全面系统的调研了呢？

1967年，一家国防承包商[1]在密西西比河畔的圣路易斯州为NSA在当地的情报站安装计算机设备，并与上千公里之外的兰利总部相连。为了鼓励"民营中小企业"积极介入这项工程，拉动当地就业，这家承包商希望在建设过程当中也能让没有保密资质的企业与那些国防企业一起合作。这要是放在官僚主义盛行、免责思维蔓延的时代[2]，这个要求肯定直接就被NSA的主管拒绝了。但恰恰相反（也许真的是为了拉动就业吧），美国军方委托本书前面介绍的著名机构——DARPA来研究一下怎样才能做好"资源共享型计算机"的保密工作。而DARPA又把这个事关军国大事的任务外包给了兰德公司。由于威尔先生对NSA的这套计算

图 17.4　计算机保密概念图

1　Willis Ware, "RAND and the Information Evolution: A History in Essays and Vignettes."

2　威尔在其回忆录当中特别欣赏20世纪六七十年代那个自由创新的时期，而不像现在任何事情都要打若干个报告，盖若干个章。参见上文。

机保密通信系统非常熟悉，所以DARPA就让他牵头组织了一个有NSA、CIA（美国中央情报局）以及洛克希德·马丁公司[1]等产学研政各界代表联合组成的"国防科学局计算机安全工作组"（Defense Science Board Task Force on Computer Security），开始系统地调研计算机系统的安全保密问题。经过近三年的调研分析，1970年威尔正式代表工作组向DARPA提交了一份近四万字的名为《计算机系统安全控制》（*Security Controls for Computer Systems*）的研究报告，兰德公司内部编号RAND-609，即俗称的《威尔报告》。由于该报告引用了不少美国军方高度保密的计算机系统作为案例分析，因此一直被当作涉密文件不对外展示[2]。后来考虑到报告当中阐述的很多内容让人耳目一新，开创了计算机安全这个全新的领域，为了进一步抢占话语权，引领和推进计算机安全产业的发展，经过脱密处理之后，美国军方于1979年解密了这份报告。对这份报告的进一步拓展还催生了美国国防部20世纪80年代初出台的《计算机安全橙皮书》及其相关计算机安全标准[3]。

从上面这段故事可以看出，无论是当年引入"体制外"的企业参与国防工程建设，还是对机密报告进行解密处理，人们一旦冲破旧有的藩篱并以开放的胸襟对待新生事物，这是一种多么珍贵、多么难得的思维方式啊[4]。而现在雄踞全球龙头老大地位的美

1　世界排名第一的军火商。包括"F-22"猛禽战斗机、F-35隐形飞机等都是它的杰作。
2　当年保罗写的那份互联网报告好像也是遭受了同样的待遇。
3　即后来的"可信计算机评估准则"。这是全球首个计算机系统安全评估标准。熟悉我国信息系统安全等级保护标准来龙去脉的读者应该听说过这个橙皮书。现在每年都要进行计算机信息系统安全等级测评的单位可以去找威尔算账。
4　中国从20世纪80年代开始的改革开放更是如此。

国计算机网络安全产学研一体化生态圈也是对这种创新思维最大的回报。

不过，阅读过《威尔报告》的人可能会有恍如隔世的印象。这怎么能称得上现代网络安全的奠基文档呢？报告全文没有提到计算机病毒、没有提到防火墙、没有提到入侵检测系统……在这个报告出台的时候，计算机病毒一直是科幻小说里面的物件儿[1]，而与防火墙相关的技术则需涉及 TCP/IP 网络协议。而那会儿互联网这个"婴儿"还在 ARPANET 试验床上撒欢呢。但是如果仔细阅读这份报告的话，读者会发现《威尔报告》当中所给出的"三员"安全控制机制、计算机自检（后来的防毒软件就是这个原理）等功能性设计，其实为 80 年代以后计算机网络安全框架的制定与相关产品的研发都指明了方向。

开创者、先驱者！这大概是给一位学者最高的学术评价之一了。而兰德公司的威尔是当之无愧的计算机安全领域的开创者、先驱者。

当然，如果要说《威尔报告》有什么不足的话，那就是这份报告略显零碎，其层次架构的优美程度不像他后续的研究报告那样，达到"老外"们经常使用的一个专用名词："精品"（State of Art）。

这个"精品"报告就是上一回提到的 1973 年撰写的《档案记录、计算机与公民权利》。也许是威尔先拿这份计算机安全的报告练了练手，然后在隐私信息保护的精品报告当中就开始大显身手了吧？而这种精益求精的态度，进一步催生了四年后的《信息社会的个人隐私》。这两份"隐私类"报告奠定了威尔当代

1　计算机病毒的原理最早出现在 20 世纪 50 年代冯·诺依曼的一篇论文当中。

"计算机与隐私保护"开创者的地位，奠定了所谓的《公平信息实践原则》(*The Codes of Fair Information Practices*)，而且与前面的《威尔报告》一起，让兰德公司从此走进了公众的视野。

所以威尔先生对于兰德公司，就像诺维斯基对于NBA的独行侠队那么重要。

图17.5　个人隐私保护概念图

最后，让我们还是回到主题隐私保护吧。上一回曾经指出过，美国1974年《隐私法案》有一个不足：该法案涉及的部门仅仅是联邦政府一级的行政机构。那么其他那些也掌握了大量个人信息的部门或企业呢？这个遗憾在《信息社会的个人隐私》研究报告当中得到了弥补，并且它带来的影响一直持续到现在。只要你与互联网相连，那么你所担忧的个人信息隐私保护的方法与建议（既包括法律法规的，也包括技术层面的）都可以在这个研究报告当中找到踪影[1]。这个洋洋洒洒的报告共有16章，外加4个附录（包括对《隐私法案》的评估报告），仅仅第一章就将近1.7万字。所以下面笔者挂一漏万，简要介绍一下这本大部头报告的要点。

一是进一步确定了"公平信息实践"所阐述的五大原则，并将其作为出发点进行扩展和细化，如同我们讲过的基于数学公理进行后续的各种定理的推导一样，现在各行各业的隐私保护条款都可以看到这五条原则的身影。

1　参阅《信息社会的个人隐私》。

二是报告通过各种案例展示，分别针对现代信息社会的若干重要行业涉及的个人信息保护进行了分析，并给出了各种建议，这些重要行业包括：

信用卡行业。涉及信用卡（以及其他各种卡）的管理机构、管理政策、用户权利等内容。

金融行业。涉及银行等部门在进行电子交易、存款等业务过程当中的个人数据保护。

图 17.6　隐私信息保护概念图

邮件系统。当初这个报告仅仅是指传统的邮政部门，防止各种"垃圾邮件"投放者利用邮件列表获得人们的个人信息，从而把私人住宅的报箱塞满，让户主怒火中烧。今天，每个有电子邮箱的读者可能感受更深。

保险行业。您还记得您的爱车保险即将到期时所接到的各种电话吗？您的信息是如何泄露出去的呢？

医疗行业。病人经常会被要求开放自己的病历数据，但如何保证这些数据始终在个人的监控之下？

教育行业。涉及联邦政府以及各级州政府教育政策制定与个人隐私信息的关系。特别是涉及学费、个人家庭税收、学生贷款发放及还款政策等一系列个人信息的关系。

税务行业。包括对美国不断更新的税法以及其中涉及的个人信息的关系。这对于国内的读者而言也颇有参考价值。

此外，该报告还对《隐私法案》当中所涉及的联邦政府与公民个人在隐私信息保护方面的"博弈"做了进一步补充。

总而言之，1977年出版的《信息社会的个人隐私》类似于"隐私保护百科全书"，是当今信息社会个人信息保护极有参考价值的一本"武林秘笈"。而威尔再次出任这个报告的撰写单位——由时任美国总统卡特任命的"隐私保护研究委员会"（The Privacy Protection Study Commission）的副主席。

早在20世纪60年代，计算机还是一座轰隆轰隆作响的巨型机器怪物的时候，威尔先生就已经准确地预见到"计算机将深入渗透到人类社会中的每一个领域、每一分钟。我们每个人都将通过计算机进行交流。它将重塑人们的生活方式，改变人们的职业，并将持续进行下去……"[1]

"威尔先生是美国计算机领域的先驱、隐私保护领域的先驱、科技政策的社会评论家、计算机安全的奠基人。"

"威尔先生是美国国家工程院院士、IEEE会士（Fellow）、ACM会士。终其一生获奖无数，包括IEEE计算机学会先驱奖等，还入选了美国网络安全名人堂。"[2]

"鄙公司的工程师威尔先生于2013年11月22日逝世，享年93岁。身后留下两个女儿、一个儿子。威尔先生的追思纪念会将于2014年年初举行。"[3]

开什么玩笑？工程师！这么多头衔和帽子，随便扔一个出来

---

[1] 参见兰德公司关于威利斯·W. 威尔的官方博客。

[2] 同上。

[3] 同上。

图 17.7　威利斯·W.威尔

都是王炸,拿到我们这里还前呼后拥配专车、配秘书到处做报告?
到了兰德公司嘴里就是普通工程师一枚?

看到这里,笔者默默收起了印有××专家组成员、××委员
会委员、××代主席(主持工作)、××博导等被挤得满满的个人
名片。

威利斯·W.威尔,这位长着迪士尼卡通漫画"米老鼠"一样
喜庆娃娃脸的科学家,或者更像张乐平先生的成名作《三毛流浪
记》中的主人公,在完成了他的"地球流浪记"之后,与隐私保护
主流理论——"信息控制论"创始人阿兰·威斯汀教授在同一年仙
逝。其情其景仿佛日月教长老曲洋和衡山派长老刘正风一样,共
谱一曲《笑傲江湖》之后携手驾鹤西去。

"英雄肝胆两相照,江湖儿女日见少。心还在,人去了,回首
一片风雨飘摇。"

第十八回 法兰西 国土沦陷失机缘
保隐私 高卢雄鸡勤追赶

把法兰西放在美利坚之后，不仅仅是一种巧合。上一回提到1973年由威尔领衔撰写的《档案记录、计算机与公民权利》对法国隐私信息保护立法进程做了一个预测，但却有点失准[1]：

> "法国的情况比较复杂。计算机和隐私问题已经在一小群专家当中引起了高度重视，他们将在1973年年底提交一个正式的官方报告，但目前看来到1974年年中，不可能采取任何实质性的行动。"

法国人在1974年不仅采取了行动，而且其规模之大，远远超出了威尔的预计。我们不妨先来看看法国人的计算机产业，然后

图18.1 帕斯卡机械式计算机设计图

---

1 参见《档案记录、计算机与公民权利》。

再来聊一聊他们在1974年搞的大动作，以及最后的结局。

提起法国人为计算机科学作出的贡献，高卢雄鸡们一定会很自豪地讲到他们民族雄厚的数学传统与底蕴[1]，因为这是算法的基础。而提起他们为计算机研发作过什么贡献，有人可能会提到17世纪法国数学家、物理学家和发明家布莱斯·帕斯卡（Blaise Pascal），这也是一个可以引起许多科学联想的名字，比如谈到物理压力的时候，用的就是帕（Pa）为单位。即使是在当今计算机软件领域，也有不少人听说过纪念这位先驱的Pascal语言，因为他是人类历史上首批发明机械式计算器的发明家之一。

然而，要是提到法国人为现代电子计算机的诞生贡献了些什么，就稍微有点尴尬了。在那电子计算机研发"狂飙突进"的20世纪40年代，法国人整体缺席了。熟悉世界史的读者可能已经猜到了背后的原因：在电子计算机这个崭新的工具即将"临盆"的关键时刻（1940—1945），法兰西土地上的主人是飘扬着万字旗的纳粹党徒，以及它的仆人——法国维希政府。当英美两国为破译德军密码、为研发原子弹而联手发明各种各样的计算机器的时候，法国科学家和工程师们要么逃亡海外加入戴高乐将军的游击队，要么在本土苟延残喘"能活着真好"，哪里还有心情搞科研？而计算机作为应用背景极强的一个领域，没有政府和军方的有力领导、大力投入以及明确的应用目标，是无法成为现实的。所以亡了国一切都免谈。图18.2这幅著名的照片颇能形容当年在纳粹德国占领下法兰西人的屈辱与不甘。

---

[1] 举世闻名的法国数学家简直是信手拈来：费马、伽罗华、彭加莱……以及著名的"布尔巴基"学派。

图18.2 法国人目睹纳粹军队进入巴黎的场景

那么在战后法国人民翻身"农奴"做了主人，是安理会五大常任理事国之一，又有悠久的数学和工程传统，按理也应该很快追赶上来啊？这里面又涉及更为深刻的法兰西科学文化传统。对此，有学者专门进行了研究[1]。简单地讲，那就是法国的教育体系分为"大学"和"综合技术学校"两类。前者是培养"学术贵族"的，后者是培养干脏活累活的"工程师"的[2]。这两类学校毕业的学生基本上没有交集，不像本书前面提到的美国那所"技工校"MIT，虽然师从法国"综合技术学校"，但最后成为科学与工程完美结合的典范。而法国人这种泾渭分明的教育体制，不仅没有在战后对计算机的研发作出贡献，反而还得依靠计算机的反哺：从20世纪50年代开始计算机在法国各行各业的大规模应用，才逐步打破了"大学"和"综合技术学校"之间的藩篱。

那么法国本土的计算机产业又如何呢？似乎也没有值得特别炫耀的地方。尽管1947年法国国家科学研究中心就开始

1　参见Prologue: History of Computing in France, by PIERRE E. MOUNIER-KUHN.

2　法国这种教育体制颇像西方文明的老祖宗——古希腊。毕达哥拉斯们就是贵族，他们打心眼里瞧不起那些充当工程师的奴隶。

图 18.3　法国首台自研的 Micra1 计算机

推动计算机产业的发展，但1948年本土企业"电子计算公司"
（Compagnie Electra Comptable）的员工刚刚超过一万名，就改
了个名——IBM法兰西[1]。这一点比起前面提到的北欧小国瑞典
可是相差太远。也许唯一让法国人感到自豪的就是1973年那位
越南裔法国工程师André Truong Trong Thi发明了首批个人电脑
吧[2]（图18.3）。可惜这台名叫"Micra1"[3]的计算机也仅仅生产了
数百台，而且主要用在我们今天所说的工业控制领域——交通信
号灯控制和工业过程控制。

　　不过公正地讲，法国人对今天信息时代的最大贡献之一（再
次发挥法国人浪漫与抽象相结合的特征），应该算是名词创造——
它首创了拉丁语系的"信息"一词。这个词最早出现在20世纪
50年代法国学者的论文当中（l'Informatique）[4]。由于这个术语
统一了当时的"电子数据、数据处理"等一大堆近义词想表达的
含义，所以逐步被其他国家所采用。而我们中文"信息"一词的

1　参见 Prologue: History of Computing in France, by PIERRE E. MOUNIER-KUHN.

2　严格地讲，第一台个人电脑是美国人约翰·V. 布兰肯贝克（John V. Blankenbaker）在1971年发明的Kenbak-1，不过产量更为稀少，只有区区50台。

3　这位越南裔法国工程师还因此获得了法国最高荣誉勋章。

4　参见 Prologue: History of Computing in France, by PIERRE E. MOUNIER-KUHN.

现代含义,则直接来源于日文[1]。

从上面的描述人们可以看到,法国人在20世纪40—70年代,计算机产业并不特别出彩。然而,法国人在数据应用方面算是"生猛海鲜"了,即使与美国人相比恐怕都不逊色。而这,也和本回的主题直接相关了。为此,我们值得稍微多花一点笔墨。

在今天信息时代,"政府数据中心"(Government Database)这个词,世人也许都不陌生。而其中最著名的,恐怕属于美国国家安全局在犹他州沙漠建设的那个巨型数据中心。这里仅仅举几个例子。1886年清朝北洋水师的旗舰"定远"访问日本并深深地刺激了天皇,日本天皇从此决定节衣缩食也要大力发展海军和大清一拼高下。法国人则在这一年建设了一个国家级数据库"Carnet B",里面存放的是外国间谍的档案。而第二次世界大战爆发前建设的"Tulard Database"数据库[2],在法国沦陷后成立的维希政府当中发挥了重要作用:一个是抓共产党,还有一个是抓犹太人。这个法国"汪精卫"政府建设的数据库,我们很快还会回到它身上,因为它是本回的源头。从战后直到现在,法国还建设了许许多多其他类型的数据中心,包括犯罪记录数据库、DNA数据库等。而这些林林总总的国家级数据中心当中,有两个"哼哈二将"数据库直接导致了法国在1974年启动隐私数据保护立法。

一个就是上面提到的第二次世界大战期间维希政府建设的一个数据档案中心,名叫INSEE code,其中INSEE是"法国统

---

1 如果我们不去纠缠发明权,把唐诗《暮春怀故人》"梦断美人沉信息"拉来滥竽充数的话。

2 这是以法国巴黎警察总监André Tulard命名的。奇怪的是,尽管他帮纳粹干了不少缺德事,但第二次世界大战后居然没有受到惩罚,还获得了骑士勋章。

计与经济研究所"（French National Institute for Statistics and Economic Studies）的简称。这个数据库最初是准备用来征召法国伪军与盟军作战的，后来成为犹太人和吉卜赛人的"死亡数据库"。尽管维希政府利用这个数据库作恶多端，但所采用的数字编号、编码方法却是一个创新，例如第一个数字如果是"1"，就表明是欧洲男性，如果是"2"就表明是欧洲女性，"3""4"分给穆斯林，"5""6"分给犹太人，"7""8"分给外国人，"9""0"分给种族待定的人。此外，再加上年月日等表明出生日期的符号，就成了当时维希政府治下的法国臣民的"良民证"。

让人哭笑不得的是，这个数据库及其编码方式在战后一直保留了下来，并成为当今法国人的"身份证"，大量用于人口普查、经济统计等目的。当然，里面的数字不再是种族主义的含义，而是作了一些调整，不过还是风波不断，这在后面可以看到。

还有一个数据库是在20世纪60年代末70年代初蓬皮杜总统任上建设的，项目名叫"个人档案管理与条目自动化系统"（Système Automatisé pour les Fichiers Administratifs et le Répertoire des Individus，SAFARI）。这个项目，以及该项目要调用上面说的 INSEE code 库中的数据，以便法国政府集中管理公民个人数据。而政府的这一行径让刚刚从著名的"五月革命"[1]平息下来的民意又开始沸腾，让蓬皮杜大总统睡不安稳。1974年3月21日，在历次民众运动当中扮演摇旗呐喊角色的《世界报》（Le Monde）发表了一篇煽动性极强的文章《SAFARI在捕猎法国人》

---

[1] 1968年在法国爆发的学生运动，其激烈程度在法国现代史上首屈一指，可能只有19世纪的法国大革命可以与之媲美。最近闹得沸沸扬扬的"黄背心"运动也算是一种传承吧。

图 18.4 1968 年 5 月巴黎街头暴乱

（*SAFARI ou la chasse aux Français*），于是法国普通老百姓又开始摩拳擦掌准备上街扔石头筑街垒。蓬皮杜大总统一看势头不对，马上成立了一个"国家信息与自由委员会"（Commission Nationale de l'Informatique et des Libertés，CNIL）[1]，并干脆让在《世界报》上发表这篇文章的作者来当委员长，看来蓬大总统还是蛮会笼络人心的。这个CNIL委员会专门负责监管和处理公民对个人隐私数据的相关事务。1978年1月6日法国版的"个人数据保护法"——《信息技术、数据档案与公民自由法》颁布实施后，CNIL也进一步拓展职能，成为国家级的数据保护机构（National Data Protection Authority），读者也许还记得这是瑞典人的发明。现在CNIL每月都要处理近万个投诉电话，近五千个注册登记信息。

蓬皮杜当初成立这个机构时没有料到的是，现在CNIL还成了普通公众的出气筒，例如批评它忘记了初衷，没有给公民提供

1　参见 Loi Informatique et Libertes Act N° 78-17 of 6 January 1978 on Information Technology, Data Files And Civil Liberties.

足够的隐私保护，还进行"民族人口统计"等让人想起当年维希政府干的一些勾当[1]。此外，谷歌公司还因为CNIL强制执行"遗忘权"（The Right to be Forgotten）而与它闹上了法庭，谷歌痛斥后者是"封闭与缺乏民主的政府部门"。孰对孰错？这个遗忘权比较烧脑，我们将在本书后面论述它。

CNIL成立之后，法国政府靠它当缓冲器暂时消解了民众对个人数据保护的担忧。五年后，法国人颁布了自己的《隐私数据保护法》。下面我们还是老规矩，蜻蜓点水般看看法国《信息技术、数据档案与公民自由法》[2]涉及的几个基本概念，而它的整个立法框架与前面我们看到的瑞典、德国和美国大致相同。这从下面最基本的定义就可以看出来。

1.个人数据：个人数据是指与一个自然人[3]相关的用于识别他的任何直接或间接信息，如识别号等。

2.个人数据处理：个人数据处理指任何与个人数据相关的操作，无论是什么操作机制。特别包括以下的处理方式：记录、组织、存储、查询、咨询、传输、删除等。

3.个人数据档案系统：个人数据档案系统指任何结构化的、不轻易改动的个人数据集。这个数据集将根据特定的指标体系来进行操作。

4.数据控制者：数据控制者指（除非法律法规特殊定义）某个人、公共权威部门，或者任何其他能够决定数据处理目的和含义

---

1 这在今后可能因难民/移民问题会进一步激化法国社会不同阵营的矛盾。

2 参见"Act n° 78-17 of 6 January 1978 on Data Processing, Data Files and Individual Liberties"。

3 这一点似乎与瑞典和美国隐私数据保护当中提到的必须是"活人"有一点区别。

的机构。

5.个人数据处理的接受方：个人数据处理的接受方指任何能够接收数据并且不是数据主体和数据控制方的授权个人。

读者还将在本书后面看到法国人在整个欧洲制定个人隐私信息保护公约的时候所发挥的独特作用[1]。

至此，我们已经介绍了20世纪70年代欧美部分国家关于个人隐私法案所取得的进展。

但这里面似乎还缺了一个欧洲的工业化强国。

"英国是目前我们考察关于隐私保护的所有国家当中非常独特的一个存在。"威尔在《档案记录、计算机与公民权利》当中留下这么一个评价。为什么？让我们接下来看看在那个年代，英伦三岛发生了什么有趣的事情。

---

1 参见本书后面法国总统德斯坦的发言。

第十九回　洋庖丁　快刀解牛金不换
　　　　慢性格　绅士立法逻辑严

图 19.1　肯尼思·G. 杨格爵士

　　肯尼思·G. 杨格爵士（Sir Kenneth Gilmour Younger）毕业于牛津大学。在第二次世界大战期间，杨格投笔从戎加入了英国军事情报部门，最后官拜少校。战争期间他说不定还和图灵同学在同一个咖啡厅里抽过雪茄聊过天气摸过牌九呢[1]。由于丰富的情报经历，战后，杨格进入英国政府外交部门，20 世纪 50 年代初还代表英国政府与中国进行过建交谈判，朝鲜战争期间在联合国也没少和苏联代表打交道，还曾试图向中国政府保证联合国军不会入侵中国。所以杨格即使算不上"中国人民的老朋友"，但"老

1　该部门 40％的情报人员在第二次世界大战期间都供职于布莱奇利公园英国政府密码学校。参见 "History of the Intelligence Corps"，Ministry of Defence.

相识"还是算得上的。

不过真正让杨格入选本书"名人堂"的理由，还是因为20世纪70年代初以他的名字命名的"杨格隐私保护委员会"（Younger Committee on Privacy）。这个委员会对隐私保护的最大贡献之一，就是针对隐私保护的法律需求，对英国历史悠久而又庞大无比的法律体系进行了精简和精彩的分析。我们将在后面看到这个委员会分析的脉络。杨格也因此获得了英国女王颁发的骑士勋章（Most Excellent Order of the British Empire，艺术科学类）。顺便指出，后来受《杨格报告》影响而产生的英国隐私保护法（1984年），其可读性远远不如这个报告本身那么强。

1976年，中国人民喜气洋洋打倒"四人帮"准备奔小康，杨格则在这一年被命名为英国政府"数据保护委员会"（the Data Protection Committee）主席，正踌躇满志准备大干一番，可惜"壮志未酬身先死"。

下面我们言归正传。英国是当时世界上最早研发电子计算机的屈指可数的国家之一，尽管品种非常丰富，如"剑桥版""国家物理实验室版"（诞生互联网雏形的那个单位）、"曼切斯特版"

图19.2　图灵（右）与曼切斯特计算机[1]

1　最右边站立者即艾伦·图灵。

（图灵亲自指导）等不同的计算机型号，各有各的特色。它们完全可以与大西洋对岸的"普林斯顿版"（冯·诺依曼亲自指导）、"哈佛版"、"IBM版"分庭抗礼，但英国的计算机产业却是一路坎坷。到了20世纪50年代末，英国尚有五家大型计算机生产企业（虽然没有一家可以与IBM相抗衡），而到了60年代末，则只剩下一家了。而这家硕果仅存的英国计算机"民族企业"艰难地熬到21世纪初，也被日本"富士通"公司兼并了。呜呼！那些曾经战斗在布莱奇利公园破译希特勒和东条英机密码的老战士们如何咽得下这口气？[1] 一群败家爷们儿！

图 19.3　第一款银行自动取款机 [2]

　　尽管计算机产业不行，但到了20世纪六七十年代的时候，英国社会的信息化水平已经非常发达了。举个例子，1967年全球第一款银行自动取款机（ATM）就是首先在英国巴克莱银行投入使用的。所以一个很自然的问题就是：个人隐私数据咋办？

　　早在1970年，英国立法机关就出台了《隐私与法律》（*Privacy*

1　无独有偶，那些在美国"铁锈地带"生活了一辈子的穷困潦倒的"二战"老兵们，听说日本丰田汽车要来兼并底特律的汽车厂，第一个反应也是东条英机又杀回来了。
2　这张照片本身不是巴克莱银行，而是美国 Wells Fargo 银行同时代的 ATM 取款机，出纳员莱莉小姐摆出了她的招牌笑。

and the Law）的研究报告。这是由英国下议院议员兼电视新闻记者布赖恩·瓦尔登（Brian Walden）负责的[1]。这个报告还提出了"隐私权利条例草案"。然而，这个研究报告出台之后，瓦尔登议员先生发现他成了"猪八戒照镜子"：一方面他的英国新闻界的同行们害怕人人都打着"隐私保护"的幌子拒绝采访，损害记者们视为生命的言论自由，所以强烈反对这个条例草案；而政府部门也认为瓦尔登是不是居心险恶，为了保护隐私而让政府的权力牺牲过大、代价太高。最后各方妥协的结果是，再成立一个委员会来进行调查分析，这就是杨格委员会成立的背景。一句话，改革派工党议员瓦尔登给他的圆滑派同党议员杨格当了开路先锋。

要说杨格是圆滑派也不是冤枉他，甚至是在称赞他。一来他长期在英国外交部门任职，左右逢源，相互妥协是他的职业特点。二来，也是最重要的，杨格委员会最后出台的隐私调查报告把政府部门等公共领域排除在外，只是针对私有领域（private sector）提出了整改建议。

无论是瑞典1973年的《数据法》还是美国1974年的《隐私法案》，都有一个共同的特点，那就是只关注政府部门存储处理的公民个人数据的保护问题。而杨格委员会成立之初也曾考虑把公共政府部门纳入调研范围并发送了大量问卷调查表。然而收回来的结果却令人大失所望。这些部门尽管也承认对于一个现代社会来说隐私保护是非常重要的基本权利，但如何定义一般意义上的个人隐私权却没有任何共识，各部门站在自己的角度各吹各的号、

---

[1] 　如果读者对这个瓦尔登不熟的话，他的儿子小瓦尔登（Ben Walden）演过美剧《兄弟连》。

各唱各的调。所以杨格只好转换思路，瑞典人、美国人不是研究南极企鹅吗？我就折腾北极熊！干脆在调研报告中把政府部门以及其他公共服务部门排除在外！只保留了广播电视以及大学这两个领域作为公共领域的研究对象。

不过对于本书而言，我们也正好在考察了西方各国对政府部门公权力的隐私保护限制之后，再来看看对私有领域（或者更准确地讲，社会领域）的个人隐私保护的限制，这对于今天的信息社会隐私保护同等重要。事实上，一旦将目光投向更宽阔的社会领域以及与个人隐私保护之间的关系，杨格委员会挪腾施展的空间更大，而且相比美国人写了一部洋洋洒洒的大部头《档案记录、计算机与公民权利》而言，杨格给出的报告简直是"逻辑清晰、考虑周全的典范"[1]。下面我们简要欣赏一下这个报告的分析手法，如同庖丁解牛一般优美。

对于现代社会个人隐私信息的保护，杨"庖丁"带领徒弟们层层递进针对三个方面进行了剖析：（1）分解牛大排：是否需要对现有法律进行修改以保护个人隐私？（2）剔除牛筋骨：如果第一条还不够，那么是否需要设立一个行政管理部门来对涉及公众的个人隐私进行控制？（像瑞典人那样）（3）剩下牛杂碎：如果第一、二两条都还不够，那么要求行业自律呢？

先来看看分解牛大排：经过逐一梳理，他们认识到，在英国现有法律体系当中确实没有专门针对隐私权的法律法规，但在大英帝国近现代史上形成的种类繁多的刑法、民法当中，有不少法律条款与之间接相关。例如在1970年通过的《司法管理法》

1　参见《档案记录、计算机与公民权利》对杨格报告的评价。

（*Administration of Justice Act*）当中，讨债的骚扰行为就已经被认定为犯罪行为。读者可以脑补我们这里偶尔还会看到的各种各样"讨债王"的小广告。而对那些痛恨垃圾广告和推销各种"服务"的人士而言，1971年通过的《不请自来货物与不速之客服务法》（*Unsolicited Goods and Services Act*）[1] 可以予以管辖。而1956年通过的《版权法》（*Copyright of Act*）保护的范围也不仅仅限于专业作家[2]。总而言之，在调研了现有法律系统与个人隐私保护的需求之后，杨格初步的结论是：散落在大英帝国现有法律系统中的各种法律法规，能够给公民个人隐私提供的保护远远超过人们对个人隐私侵犯的担忧。司法部门只需对现有的法律进行一些修修补补的工作，让它们直接彰显"隐私"二字就行了。所以剩下这个活儿就交给那些专业人士去烧脑吧。

图 19.4　电线上的麻雀

接下来"庖丁"们游刃有余地继续分解"刑法"和"民法"针对隐私保护的修改。

对于刑法修改，该委员会认识到现代科学技术加速、加重了

1　当然，这个翻译在法律上并不准确，但翻译成"非邀约"读起来很拗口。作为一本科普读物，请允许我们小小放纵一下自己吧。
2　笔者脑海里想起了现在"人人都有鹅毛笔"的互联网上的各种流行文章，也属于版权法的保护范围。

图 19.5　电杆上的摄像头

对个人隐私的威胁。即使是在私人领域，委员会报告举了一个例子："各位大佬也获得了越来越多的先进监控设备"（笔者此时脑海里浮现出当今社会大量的各种监控摄像头）。而杨格认为，这种新形势的威胁仅仅靠修改其他法律，例如民法的相关条款是无法应对的。因此需要在刑法当中制定相应的条款来压制这方面有可能出现的犯罪行为。如果读者回忆一下现在网络上经常出现的侵犯个人隐私的录像录音，就能体会20世纪70年代初杨格他们的远见卓识。当然，委员会也指出在进行刑法修改的时候会面临什么样的挑战。例如，在这种面向公共服务的监控环境下，受害人如何证明自己的隐私是被"过分监听监视"了呢？为了让立法机关引起足够的重视，委员会还着重强调对相应刑法条款的修改，不仅对私有领域非常重要，对公共领域也一样重要。"还记得刚刚发生在美国的水门事件丑闻吗？"[1]《杨格报告》最后来了一个"神补刀"。

　　说完刑法说民法。"庖丁"们在民法修改建议方面分别回答了

1　不得不佩服委员会这个例子引用得多么恰到好处。当时导致美国总统尼克松辞职的水门事件的作案手段就是使用了先进的录音设备。而共和、民主两党的选举之争所引发的这个丑闻，使美国人民第一次对自豪的"民选总统"的信任感遭到了很大冲击。

两个层次的问题，一个是在民法修改当中，是否引入隐私权的一般定义。对此，委员会认为在当时的条件下，一旦给出隐私权的一般定义，由于面临公共利益、社会利益以及个人利益方面大量的"利益竞争"，法官们在针对具体案件进行判决的时候，也可能陷入非常窘迫的境地。更何况作为案例法国家，英国的立法需要大量案例予以支撑。因此，为了避免在没有充分实践的基础上就给出过于宽泛的隐私权定义（瑞典1973年的《数据法》就是吃了这个亏），委员会建议暂缓在民法修正案当中考虑这个问题，待到今后有了充足的案例之后，再给出普遍性原则，然后再根据这个原则来解决一般性的隐私权立法问题。注意"普遍性原则！"美国制定"公平信息实践原则"的时候就是这种思路[1]。

既然在民法修正案当中暂时无法给出一般性的隐私权定义，那么可否对现有的民法加一些特定的限制手段，以适应个人隐私保护的需求呢？这就是《杨格报告》深入解剖的第二个层次。在这个层次上，"庖丁"们展示了他们更加细腻的刀法：首先，为了弥补上面提到的在刑法修正案当中提出的挑战（受害人如何证明自己受到"过分监听监控"），委员会建议在民法当中引入"非法民事侵权行为"来应对新型科技的监控系统有可能对公民个人隐私带来的威胁。其次，应该引入一个新的民事侵权条款来应对那些非法的获取及泄露公民个人信息的行为。委员会还专门引用1968年《盗窃法案》中对个人财产的定义，来说明为什么要进行这方面的修正，因为在传统的财产盗窃当中，没有考虑到对"信

1　当然，有可能美国人就是借鉴了英国人的思想，因为美国的五大准则推出的时候，《杨格报告》已经公布了。

息的盗窃"。而这个四十多年前的立法思想对于当今"信息资产"保护已经蔚然成风的人们而言是多么的熟悉啊！需要指出的是，上面这两点在后来凝练成了英国人关于隐私信息保护原则的第一条。我们在本回结束的时候会提到它。再次，也是"庖丁"们最为得意的地方，那就是他们发现在现有法律体系当中有大量关于"机密性"的描述。"现在是把沉睡多年的机密性唤醒（并为隐私保护服务）的时候了"，"本委员会感到非常奇怪，为啥当年关于机密性的争论就没有现在隐私权的争论这么激烈呢？"[1]杨格如同发现新大陆一样赞叹自己的这个新点子，同时也不忘对官方和新闻界这两大反对阵营吐吐槽。这些关于保护机密性的法律条文，本质上其实也可以拓展到保护个人隐私上来。当然，这里其实引申出另外一个更加纠结的问题，那就是"安全性、机密性、隐私性"到底是什么关系？后来有英国学者引用19世纪就颁布了的《官方机密法》（*Official Secrets Act*，1889）来论证机密性与隐私性的关系[2]，里面有大量涉及间谍罪的描述。不过这种国家层面的罪名与私人领域的侵权，相差还是有点大。

在剖析完法律层面的修改建议之后，杨格团队瞄准了下一个层次：修法的同时是否还需要在行政管理上下下功夫动动脑筋？例如设立一个行政部门来保护公民个人隐私？

"在许多情况下，设立一个行政管理部门来处理民众关于个人隐私的关切可能会更有效。"[3]委员会首先指出了这个方案的优点。然后委员会用了一个具有悠久历史传统的英国范例作为分析

---

1 参见杨格委员会报告分析。
2 参见 A.S.Douglas, U.K. privacy white paper 1975.
3 参见杨格委员会报告分析。

图 19.6　福尔摩斯画像

对象：福尔摩斯。委员会以当时遍及英伦三岛的"私人侦探"对个人隐私保护的侵害为例[1]，提出是否应该从行政上予以规范，例如对福尔摩斯们的徒子徒孙颁发"侦探执照"？如果这样做，那么如何定义"私人侦探"的权利范围？另外，颁发执照的部门还应当考虑这样一些问题：行政机关颁发特殊侦探执照的时候，执照种类会不会引发公众的误解（"婚姻忠诚私人侦探执照""财务纠纷私人侦探执照""家暴私人侦探执照"等）。此外，委员会认为，尽管在私有领域当中，计算机的大量应用尚未产生对个人隐私的明显威胁（但将来有可能会成为一个问题），但也应当设立这样一个行政部门来统一监管公共领域和私有领域当中滥用计算机的情况。

　　杨格团队在解剖隐私保护这头大牛的最后一刀，用在了行业

1　与福尔摩斯广受欢迎的形象恰恰相反，委员会对"私人侦探"的用词是"令人厌恶的""挨千刀的"，参见杨格委员会报告分析。

自律上面。"如果法律惩处这把刀下手太重，或者行政管辖这把刀效果不彰"[1]，那么接下来就应该考虑让那些涉及个人隐私保护的各行各业采取"行业自律"来保护个人隐私了。杨格委员会对新闻等涉及个人隐私保护的行业自律逐一给出了分析和建议。

例如，为了平息新闻界对隐私保护的反感态度，同时也考虑到公民本身对新闻媒体狗仔队的愤怒（或者欣赏，取决于他或她是否是媒体报道的主角），杨格委员会建议"报业评议会"这个行业协会进一步完善评议成员的结构，例如新闻界和业界之外的成员一比一配套，来决定对新闻媒体报道尺度的把握。同样的，对于广播电视行业，委员会也提出了类似的"整改建议"。

此外，对于各个企业在雇用员工过程中（例如面试的时候）涉及的隐私问题、学校存储的毕业生信息等，杨格委员会都给出了一些建议。这些建议的本质就是这么一句话：参照各自行业有关法律法规来制定行业自律守则。而这个"依法办事"的基本思想最后凝练成了英国人有关个人信息保护的八大原则。

读者也许更关心杨格委员会这个报告公布后对英国社会的隐私保护和立法所产生的后继影响是什么吧？

剑桥大学教授彼得·曼德勒（Peter Mandler）对英国人的国民性格进行了多年研究[2]。他在关于《英国人的国民特征》这本书中，借用旅居海外的英国人[3]来表达自己的观点：20世纪60年代末的英国是一个"奇怪的国家，里面是非常好的人，半睡半醒"。拜托，彼得兄，你确定这不是剽窃一百多年前拿破仑皇帝评价当

---

1 参见杨格委员会报告分析。
2 参见 THE ENGLISH NATIONAL CHARACTER by Peter Mandler Yale, pp320.
3 就像我们也往往借助海外华人来评价我们自己一样。

时大清帝国的结论[1]？

1972年杨格委员会完成了它的历史使命。然后，然后就半睡半醒没有然后了。

差不多十年之后的1981年，欧洲共同体[2]（欧盟前身）颁布了《欧洲关于自动处理个人数据的保护公约》(*European Convention for the Protection of Individuals with regard to Automatic Processing of Personal Data*)，同时要求共同体各成员国予以具体落实。半睡半醒的英国人一直拖到1984年，才姗姗来迟出台了《数据保护法》(*Data Protection Act*)。而这时距杨格报告出台已经整整12年过去了。尽管如此，杨格当初留下的印迹还是在该法案当中得到了体现，特别是这个法案当中提出了个人数据保护的八大原则，即个人数据必须是：

1.处理流程公正、合法（还记得杨格报告当中多次提到要"依法办事"吗？）；

2.获取必须要有明确而合法的目的；

3.适当、相关和不过分；

4.精确、更新；

5.不超过必要的保持期；

6.符合数据主体的权利进行处理；

7.合理的安全存储；

8.没有足够的防护之前不能交给第三方国家。

而这上面提到的个人数据的处理必须公正，该法案也给出了

---

1 "东方睡狮"是西方名人在评价中华民族特性的各种言论中，最让国人自豪的一句话。
2 20世纪80年代欧盟还未成立。

六个条件，并且必须满足其中之一才算达到"公正"：

1. 数据的主体（即数据的主人）必须同意；

2. 数据处理是完成这个任务所必需的；

3. 数据处理是合法的（而不是完成某项任务时自己所声称的必要性）；

4. 数据处理必须要保护数据主体的权利；

5. 数据处理对完成相关公共事务是必需的；

6. 数据处理对完成数据控制者或第三方的正当权益是必需的，但不能给数据主体的权利带来损害。

笔者鼓励有勇气的读者去查看一下这个四十七页的法律原文。它因过于繁杂而闻名于世[1]，如同英国最高法院一般。

图 19.7　英国最高法院审判庭一景

1　在该法案当中绕口的法律描述比比皆是，比如："个人数据是指与一个活着的人相关的信息，这些信息使人们可以从中确认出它的主人（或者可以使人们从拥有这些数据的其他用户信息当中确认出这个主人），包括这个数据的主人表达的任何观点，但这些观点又不包括任何数据用户对该数据主人的评价的信息。"

第二十回　增速猛　网络互联大挑战
　　　　负担重　古老学科担铁肩

　　1976年是一个热闹非凡的年份：英伦三岛上的杨格爵士正准备担任大英帝国的"数据保护委员会主席"大干一场。万里之外的中国人民正喜气洋洋地"大快人心事，揪出'四人帮'"。而这一年太平洋彼岸的美国又闹出了一个大动静。这个大动静出现之后，基本上代表着现代隐私保护的"技术储备期"宣告结束，即以信息论、现代密码学[1]、计算机、软件工程、互联网、计算机安全体系等与本书有关的原创性系列发明暂时告一段落。接下来，从20世纪80年代开始直至现在，隐私保护的技术框架基本上都是在"吃老本"，暂时没有出现颠覆性的变化。所以，为了把这个大

图 20.1　上海东方明珠塔

1　当前，密码学领域又处于全新革命的前夜。参见本书最后一回。

图 20.2　巴比伦通天塔

动静的重要性讲清楚，先让我们考虑这么一个例子：如果我们把近现代"隐私保护工程"比喻为修建一座上海东方明珠塔，那么谁是绘制蓝图的？谁是打地基的？谁是安装大梁的呢？毫无疑问，19世纪末瓦伦大律师就是绘制隐私保护大厦蓝图的人；20世纪40年代至70年代初，图灵、冯·诺依曼、香农、保罗和威尔等就是不断给这座大厦打地基的人；而70年代至80年代从德国黑森州开始，继而瑞典、美国、法国、英国等逐渐启动的法律保障体系干的就是给这座大厦吊大梁的工作[1]。而1974—1978年五个"风一般的西方少年"又干了两大票，他们的工作如果纳入现代隐私保护里面，则是给这座大厦的地基再铺了一层钢筋水泥，使隐私保护工程的基石更加牢靠[2]。不过现在回想起来，当时这五个"风中少年"完全是凭自己的兴趣一头扎入一个"深不可测"的泥潭里面的，而最后他们不仅从泥潭里爬了出来，还为全人类在网络空

1　其中兰德公司既在打地基，又在吊大梁方面作出了杰出贡献。

2　读者在本书下篇将会看到，这个技术也被黑客们用来侵犯个人隐私。所以技术始终是一把双刃剑。

间领域开辟了一个别有洞天的"世外桃源"。当然，这五位"风中少年"也当之无愧地获得了计算机领域的诺贝尔奖——图灵奖。

我们下面就来扒一扒这段现代密码学历史上（甚至是唯一的）精彩绝伦的故事。

读者想必还记得20世纪60年代末70年代初，DARPA已经在建设今天互联网的前身ARPAnet了。这个计算机网络本质上是一个"军用试验网"，所以有很多网络节点是敏感的军事部门和国防科研部门。此外，美军早已建成的遍布全球的军事基地、外交机构，以及中央情报局的各个站点[1]之间都要全天候24小时保持联系。为了保障这张涉及军国大事的巨大网络日复一日地进行保密通信，有一个非常繁重的工作，那就是常态化地为各个站点提供保密通信时所需要的密钥[2]。因此20世纪70年代初人们往往会看到这样一个壮观的场面，就像今天送外卖一样："每天在全世界各大城市、港口，都有一些特殊的人员在严密的军警保护下等候着一些特殊的飞机着陆或轮船靠岸。然后这些神秘的人员就会从这些飞机或轮船上卸下成吨的软盘或专用设备，又行色匆匆地送到美军各个基地里"[3]。这些"成吨重"的神秘物品，其实就是定期分发到美国在全球各个军政要地的通信密钥。随着ARPAnet的不断延伸、各个军政要地保密通信量的不断上涨，明眼人都能看出上面这种"壮观的密钥分发派送"场面已经难以为继。为什么？我们这里可以做一道最简单的中学数学课上学过的等差数列

---

1 想象一下前几年很火的电视剧《潜伏》里面的天津站吴站长吧。

2 "密钥"是一种形象的说法，其实就是一串用于加密的数字，而这组数字可以存储在各种移动介质，例如软盘、光盘或者专用的密钥分发设备里面，使用的时候把软盘等插入加密机（也是一种专用的计算机）。

3 参见Willian Starling "Foundations for Network Security".

求和练习题（敲黑板啦！）。为了说明"密钥分发"任务的繁重程度，我们将问题尽量简化：

首先我们来看一看两个节点之间进行通信的时候，需要几条通信线路？一条！三个不在一条直线上的节点相互通信呢？三条！四个呢？六条！……一般而言，N个呈网状的节点相互进行保密通信，我们需要的通信线路总数是N×（N-1）÷2条。对不对？如果这些线路都需要进行加密，而且为了安全起见，每一对节点进行通信的时候，还应该使用不同的密钥，否则"鸡蛋全在一个篮子里"，被对手破译一把密钥，就相当于知道了全网的秘密。假设我们要求每个月更换一次密钥[1]。现在我们来看看一个普通的校园网或市级电子政务网，1万台电脑（相当于1万个节点）不算多吧？每月需要更换多少密钥呢？用上面的公式N=10000，马上就算出每月需要更换的密钥量是49995000把！几乎是5000万把密钥！需要投入多少人工来分发密钥呢？按照规定，密钥分发至少要两人同行。因此每月需要派遣将近1亿人来分发密钥。需要花费多少费用呢？每人差旅费假设是1000元，那么每月差旅费将近1000亿。这还是一个仅仅拥有1万台电脑的微型网络！而公开资料显示，即使在冷战结束后美国大幅度裁减海外军事基地的情况下，美国至少还在36个国家部署有军事基

---

[1] 每个月更换一次密钥（或者叫密码本），这个频率已经比较低了。对于保密安全要求高的通信线路，有时候会一周，甚至一天使用一把密钥。即使是每个月更换一次密钥，也可能出现密钥泄露的事件。第二次世界大战期间德军的海军运输船就是在每月给遍布大西洋上的区区数百艘U-型潜艇发送密码本的时候被盟军截获，从而给在布莱奇利公园冥思苦想的"图灵们"送上了大礼。所以对于20世纪70年代拥有全球军事基地的美国人而言，他们不会不吸取这个教训。

地，这些国家的美军基地少则一个，多则几十个[1]，每个基地少则上百人，多则上万人。这还没有计算美国本土和各大洋战略岛屿[2]等军事基地的数量。读者自己脑补一下，如果需要常态化地更换密钥，"土豪"如美国，能不能支撑下去？

因此，美国的情报部门，特别是大名鼎鼎的美国国家安全局[3]，开始疯狂砸钱来试图解决密钥分发问题。为此，我们来做这样一个思想实验[4]：假设NSA来了一个野心勃勃又很疯狂的局长大人，他手里有一张遍布全球巨大无比的军用保密通信网络，上面有千千万万个节点，而且这些节点还在不断变化[5]。他命令NSA的那些天才数学家、密码学家找到一个神奇无比的方法，使这些不断变化的网络节点之间都可以进行加密通信，并且局长大

图 20.3　互联网分布图

1　1950—1990年的冷战时期，美军仅仅在西德就派驻了200多个军事基地。

2　还记得2014年"马航370"事件之后，人们才猛然发现浩瀚的印度洋、太平洋上面有多少美军秘密基地吗？

3　NSA有两个主要职责，一个是破译对手的通信网络，还有一个是保护自己的通信网络。因此，他们把安全密钥的分发视为生命线。

4　其实这并不是思想实验，而是实实在在发生的事情，只不过笔者在这里用一个形象的假设来解释罢了。

5　想一想每一年互联网用户的增长、智能手机用户的增长吧。

人什么时候想更换密钥，手指一动就能更换密钥，比如一秒钟就换一次，行不行？而且还几乎不用增加新的人手，不用花钱！行不行？

这样一个天方夜谭似的"密钥分发"难题当然也成为衡量全球密码学家和数学家水准的"试金石"。NSA发出"英雄帖"之后[1]，一时间全球密码学界、企业界的"少林、武当"加上什么"华山派""衡山派""峨眉派""青城派""西域金轮大法王"都纷纷聚集到这个问题上来一试身手。

让人诧异的是，这个天方夜谭的难题居然在前后不到四年的时间内就被解决了。更让人意外的是，解决这个难题的，不是NSA那些有着世界上最强大的计算机[2]和那些"要嘛有嘛"的国家级资源支持、拿着高薪又聪明绝顶的数学家和密码学家，而是五个没有任何国家级资源（连校级、院级、系级的支持都没有，如果有的话，主要是"嘲笑"），工资收入是"一人吃饱全家不饿"的路人甲！

下一回我们就来逐一采访这五个"风中少年"路人甲。

1　当年并非真正是由NSA公开发出的这个"英雄帖"，而是全球密码学界都知晓的难题。不过，40年后，NSA还真的公开发布了另外一个震惊全球的"英雄帖"，这是后话，我们将在本书下篇予以介绍。

2　自从计算机诞生后，NSA使用的计算机从来都是"史上最强"的。1950年IBM生产出来的首批计算机几乎都被NSA所订购，并且一直沿袭至今。

第二十一回　不信邪　阿迪小哥为密癫
　　　　　　　遇知音　马丁叔叔一线牵

　　为了方便叙述，让我们把接下来两回的五个"风中少年"分为"南北两派"，他们横跨美国东西海岸。首先是西海岸的两位"侦察兵"撕开了一个突破口，然后东海岸的三位"特种兵"破城而入，最后大获全胜，让其他的美国主力军团，像IBM、NSA等无所事事，唯有带着崇敬的目光抱拳说一声"青山不改，绿水长流，五位好汉后会有期"。

　　IBM输掉这一局30多年之后还真是扳回一局，不过这是下篇的内容了。而NSA嘛，则是在40年之后一发狠一跺脚彻底掀了这五个"风中少年"的桌子另起炉灶，这也是下篇的内容。

　　现在让我们把视线拉回到1974年的夏天。位于纽约的IBM

图 21.1　IBM"华生"超级计算机

华生实验室[1]来了一位名叫"惠特菲尔德·迪夫"（Whitfield Diffie）的不修边幅的路人甲，让我们简称他为"阿迪"吧。阿迪当时并不是官方注册的密码学家，事实上，阿迪连一般意义上的"科学家"都算不上，而是长期在各个软件公司"打零工"糊口，业务时间都用在"不务正业"上——由于他非常痴迷密钥分发这个难题，再加上他本科毕业于著名的MIT数学系，基本功非常扎实，所以当年在密码学圈内还是有一些名气[2]。而IBM华生实验室恰恰又以密码算法设计而闻名，例如国际上第一代商用加密算法DES[3]就是这个实验室设计出来的。因此华生实验室对特别邀请阿迪来给他们的密码学家介绍一下当时炙手可热的密钥分发到底有多么困难，大家头脑风暴一番，说不定能够撞出什么火花来呢！

但令人尴尬的是，阿迪在台上手舞足蹈地讲了半天，下面听

图 21.2　IBM 华生实验室外景

1　记住这个名字，在下篇IBM打翻身仗的时候我们还会回到这里来。不过读者对IBM华生实验室最熟悉的大概是"深蓝""华生"超级计算机吧？前者赢了人类世界象棋冠军，后者赢了人类百科知识冠军。

2　这一点和没有任何现代数学基础就希望解决哥德巴赫猜想或者设计现代密码算法的"民科"还是有本质的区别的。

3　这个加密算法所蕴含的密码设计思想至今仍被世界各国密码学家所广泛采用。所以，虽然它已经因"廉颇老矣"而退出了历史舞台，但它的徒子徒孙们却依然活跃在当今互联网安全通信领域。

众如堕雾里云烟，讲完之后居然没有人愿意提问！参加过欧美国家学术研讨会的人们都知道，这种现象极为罕见。原因只有两个，要么阿迪是从火星上逃出来的，要么他是疯人院溜出来的。这种长时间的沉默让主持人也感到愧疚[1]。作为补偿，他告诉阿迪这么一条消息，前一段时间斯坦福大学也有一个学者应邀来华生实验室介绍过类似的"东西"，大家也没有撞出什么火花来。

听到这个消息，阿迪二话不说，开着他那破烂的二手福特，唱着《杜秋之歌》[2]，当天就踏上5000公里的漫漫征途，去西海岸、硅谷[3]寻找他那从未谋面的学术知音。于是，本回的第二个主人公路人乙被拽上了历史舞台。

马丁·赫尔曼（Martin Hellman）[4]，当年在斯坦福大学计算机系担任年轻助教。姑且让我们称他为马丁叔叔吧。马丁叔叔的首要任务是尽快拿下这所著名高校的tenure（终身教职）。要是换成一般人，往往会选择比较容易的问题，尽快刷几篇高大上的

图21.3　斯坦福大学校园

1　还有一种说法是，IBM密码部门承担了大量美国政府的密码设计工作，所以"不能乱讲"。但从后来阿迪所取得的突破来讲，IBM的这些知名专家们有点托大了。
2　这是20世纪国门刚刚打开的时候，由硬汉高仓健主演的日本电影《追捕》的主题曲。
3　当然，20世纪70年代中叶的时候斯坦福大学周边地区还没有人称为silicon valley。而有趣的是，阿迪在60年代末也在斯坦福大学人工智能实验室当工程师，是著名的约翰·麦卡锡（John McCarthy）的手下。所以从时间上来算，当时他正好和马丁·赫尔曼对调。
4　马丁·赫尔曼20世纪60年代末也在IBM华生实验室工作。

SCI，等转正了有钱有闲了再去解决人类的终极问题。但马丁叔叔属于那种一根筋的人，"弱水三千只取一瓢"，偏偏对这个密钥分发问题情有独钟，并为此遭受了同事们背后不少的白眼。所以，当他接到一个名叫阿迪的人打来的陌生电话，千里迢迢想来和他一起"青梅煮酒"的时候，尽管他这个宅男没有听说过阿迪，但出于共同的学术爱好，而且"同是天涯沦落人"，所以还是答应"聊半个小时"吧。但二人见面一聊，却一直聊到当天凌晨才"依依不舍"地分手。为啥呢？因为马丁叔叔和阿迪凭数学上的直觉都坚信，密钥分发这个问题有可能不是人们想象的那么难，因为现实生活中有一个著名的"乡村邮递员"的例子可供借鉴。

这个例子其实是一个思想实验，类似于脑筋急转弯：解决密钥分发难题的关键是通信双方是否能够找到这样一种办法，相互无须见面就能完成秘密共享（即密钥分发）。因此也就无须消耗庞大的人力物力来派送密钥了。现在假设天各一方的爱丽丝（Alice）和巴伯（Bob）[1]两个年轻人正在热恋当中。他们约定，为了保护他们之间的隐私，所有鸿雁传书都要锁在铁皮箱里再通过

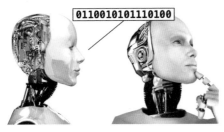

图 21.4 密钥分发示意图

---

1 上过密码学或网络安全课程的读者都知道，爱丽丝和巴伯这一对恋人是在介绍密码学或网络安全相关知识的时候出镜率最高的两个虚构人物。

邮局发出去。但是他们又没法通过见面（否则还写什么情书呢？）来交换各自的钥匙。现在巴伯给爱丽丝写了一封情书。他把它锁在一个铁皮箱里（相当于用自己的密钥加密）之后通过乡村邮局寄给爱丽丝。爱丽丝收到铁皮箱后，当然不能撬开锁或者铁皮箱，否则二人通信的代价就太大了。那怎么才能读到巴伯给她的信呢？Easy！爱丽丝在铁皮箱锁扣上再加一把自己的锁，麻烦邮局把挂了两把锁的铁皮箱再寄给巴伯（假设这是一个有爱心有耐心的乡村邮政系统）。接下来就简单了：巴伯收到后，打开自己的锁。由于上面还有一把爱丽丝的锁，因此他可以放心大胆地交给有爱心、有耐心的邮递员让他又寄回给爱丽丝。当爱丽丝收到铁皮箱之后，用她自己的钥匙打开铁皮箱（相当于解密），就会看到那熟悉的"小爱，我梦中的甜心"了。

怎么样？整个过程巴伯和爱丽丝完全没有见面就完成了秘密的共享！谁说"密钥分发"很难的？

呃，且慢！这里面有一点小小的问题。那就是上面这个例子当中，爱丽丝和巴伯之所以能够反反复复地折腾邮递员，是因为他们俩把自己的锁都套在了铁皮箱的同一个锁扣上（即使有两个锁扣也一样，在密码学家眼里本质上是同一个）。而在真正的加解密过程当中，上面的例子就行不通了。因为如果加密两次以上，那么谁先加的密，谁最后才能解密，即所谓的"先进后出"（First in, Last out）原则。例如上面的例子当中，巴伯先加密（因为他先加锁），然后交到爱丽丝手中她再加密。铁皮箱再传回到巴伯手里的时候，必须爱丽丝先解密（先开锁），然后才轮到巴伯解密！（现实与网络不一样！）

"哇！我就喜欢你这种不按常理出牌把人逼上绝境的招式。"

图 21.5　马丁与阿迪师徒俩

笔者脑海里出现了周星驰那种身处险境只好来一个无厘头的画面……

　　马丁叔叔和阿迪空欢喜一场！

　　当然，两人作为"密钥分发"问题的骨灰级发烧友，这个浅显的道理他们早就知道。马丁叔叔和阿迪之所以觉得有希望，是因为他们都想到了数学上有一些好玩的工具也许能够解决这个世界难题。在解释这些数学原理之前，笔者还忍不住先要讲一讲马丁和阿迪的趣闻：当阿迪和马丁聊到深夜依依不舍地分手的时候，展现在他们面前的未来不仅有远大的梦想，还有咕咕叫的肚皮：一个大活人一日三餐总得吃喝拉撒啊。谁付钱给"流浪科学家"阿迪呢？这太简单了！马丁让阿迪第二天去斯坦福大学研究生院注册，给他当学生。这样一来，学校就会给学生基本生活保障不是？二人不是就可以天天"在一起、在一起，可喜就是你，陪我到最后"了吗？于是已经三十而立的阿迪高高兴兴地去斯坦福大学研究生院登记注册，给29岁的马丁叔叔当了博士研究生，少师老徒天天在一起追逐梦想并遭受其他同事的白眼。

笔者下面试图将比较晦涩的数学问题转化成通俗易懂的例子，有跳跃的地方还请海涵！或者直接去读任何一本现代密码学教材即可。

首先，（再次敲一下黑板）什么是加解密用的密钥？人类社会几千年以来，所谓的加密、解密，就是指通信双方使用同样的密钥[1]，对内容先加密，后解密。

那么什么是密钥分发[2]问题呢？密钥分发就是让通信双方能够（不断）获得新的密钥从而对传输的内容进行加解密，而且分发密钥这个过程本身还必须是高度保密的，否则被人截获了（或窃听）加解密所使用的密钥，那就无密可保了。

接下来马丁、阿迪两师徒就开始"学海无涯苦作舟"了，其中的艰辛自不待言[3]。经过两年的艰苦努力，功夫不负有心人，他们最后居然灵光一现发明了这么一套协议，从而解决了密钥分发这个世界难题！不知道美国国家安全局的"局长大人"听到这个消息后，再看到他手下猛将如云的那帮数学家会是什么感受？下面我们还是按照惯例请出爱丽丝和巴伯这一对欢喜冤家来演示这一伟大的发明吧。解释之前，请读者再次温习一下上面说的密钥分发的含义。

首先，爱丽丝和巴伯两人协商使用一个共同的"密钥分发工

---

1 所谓密钥，在古代和近代，就是一个密码本。在现代，就是一串数字。保护好密钥不为外人知晓就能保护好通信的秘密。

2 形象地讲，就是密钥更新。

3 阿迪一如既往地任性，后来由于没有通过斯坦福大学规定的体育考试而被迫辍学，好在马丁叔叔又聘他在自己的实验室继续当软件工程师来维持生计。真是师徒情深啊。

图 21.6　读心术游戏

具"，这个工具其实就是数学当中的一个函数[1]。可能细心的读者会问：共同协商？怎么协商？大庭广众之下？或者打电话、发邮件协商？这样一来如何保护密钥分发的秘密？这师徒俩的神来之笔（之一）就是这种协商，以及接下来的一系列协商都是公开的，全世界都可以知道。为啥这么大胆？因为他们选择的数学函数具有公认的难度。通俗地讲，这种难度就是通过用这个函数来计算一个数很简单，但是（！）你要是想通过算出来的这个数反过来找是什么样的输入才能算出这个数，那比登天还难[2]！

　　好了，我们继续介绍这个协议。接下来最好玩的就是，爱丽

1　我们不准备在这本科普书里面详细介绍这类学术上称为"单向函数"的问题。它涉及计算机科学当中的"计算复杂性"问题。计算复杂性是当年图灵引入的概念。有兴趣的读者可以去阅读任何一本密码学教科书，或者干脆输入这样的关键字"Diffie-Hellman Key Exchange"在网上冲冲浪。

2　这里是一个形象的比喻。所谓比登天还难，指的是哪怕使用现代最强大的计算机来搜寻所有可能的输入，也要花很长的时间，比如好几年，甚至几十年。这对于保守一个时效性很高的秘密而言已经足够了。所以学术界把这种安全性称为"计算安全"。另外，这个通俗的解释与一般意义上的"杂凑函数"不是一回事。单向函数是计算复杂性领域当中非常特殊的，也是密码算法设计当中最为青睐的一类函数。

丝和巴伯需要各自心里暗自选择一个数字，这个数字不能告诉任何人。哪怕是生死恋人，爱丽丝也不能将她选择的这个数字告诉巴伯，同样的，巴伯也不能告诉爱丽丝他选择了什么数字。列位看官，读到这里你们是不是有一种看刘谦的扑克牌魔术表演的感觉？"你心里默默地选一个数字，不要告诉任何人……"是的，从某种意义上讲，数学就是一个"数之魅力"的学问。下面我们继续。

第三步，爱丽丝和巴伯各自把自己默默选择的数字带入那个共选的数学函数进行计算，假设爱丽丝算出的数字是"1314"，巴伯算出来的是"520"（这里仅仅是举例）。接下来两人就交换这两个数字！就像交换恋人的信物一样。不过，等一下，细心的读者又会问：怎么交换？交换过程安全吗？马丁、阿迪说：你们可以面向全世界公开宣告："巴伯说：亲，我收到1314，over！爱丽丝说：我收到520，亲，over！"

接下来就是众所周知的刘谦那句口头禅："见证奇迹的时候到了。"当爱丽丝收到巴伯的520之后，她把这个数以及自己默默选择的一个数字一起放到那个数学函数里面去进行计算，就会算出一个值（为了增加可读性，我们假设这是"1314520"）。而巴伯收到爱丽丝的1314之后，也把它和自己默默选择的一个数字一起放到同样的数学函数里面去计算，最后居然也一定确定加肯定地算出1314520！

一句话，爱丽丝和巴伯居然能够算出同样的数字！神奇吧？真是爱死你了！而这个算出来的数字，就是这一次爱丽丝和巴伯分到手里的新密钥！那么下一次要更换密钥1314520怎么办？各自再默默选一个数字，然后重复上面的步骤，只要这个星球上的数学不出差错,那么笔者以毕达哥拉斯、祖冲之等数学先贤的名誉担保,他俩还会计算出(另外一个)同样的答案!所以我们上面说的美国国家安全局"局长大人"希望动动手指头就可以更换新的密钥,就这么简单!

Game over!怎么样,好玩吧?

图 21.7 "墨子"号量子通信
实验卫星

不过,对于马丁和阿迪发明的这个密钥分发流程,有几点需要澄清一下。

第一,上面这个流程其实不是密钥"分发",而是密钥"协商"[1],因为在整个过程当中,没有任何人去分发密钥,而是他们两个通过几次协商(而且是公开的),就能够各自算出相同的数字(这个数字也就是密钥)。所以也就用不着派"神秘的黑衣人"来派送密钥了。

第二,现在经常在新闻媒体上看到"量子密码"(或"量子通信")这个词,而且我们国家在这个领域属于世界领先,比如"墨子号"卫星等。不过实事求是地讲,目前的量子密码、量子通信本质上就是上面说的密钥协商。只不过它是利用"不可颠覆的物理

---

1 阿迪、马丁这个协议的正式名称是"D-H Key Exchange Agreement",中文名称是DH密钥交换协议,但其实密钥本身并没有"交换",而是双方协商出来的。

定律"[1]来为通信双方协商这次要使用的密钥，而不是像马丁、阿迪那样利用"非常困难的数学问题"来协商密钥。因此，量子密码（或量子通信）其实就是完成传统的保密通信时所需要的密钥加解密协商工作。协商完之后，真正的通信过程还是传统的方式，与量子无关。之所以有"量子密码"或"量子通信"[2]这个名称，是约定俗成的称谓。

第三，也是最为精彩的。那就是阿迪、马丁师徒二人发明了这个密钥协商方法之后，还有更加深邃的思考：受协商过程当中爱丽丝和巴伯各自默默选一个数字的启发，他们提出了一个全新的猜想。这个猜想的科普版是这样描述的：把爱丽丝自己默默选的那个数当作爱丽丝自己的密钥，我们称为"私钥"，而爱丽丝和巴伯不是公开协商过几次数字吗？把那类数字叫"公钥"。既然是公钥，那就是全世界人都可以知道，而且巴不得大家都知道。那么巴伯要想给爱丽丝写情书怎么办呢？他先找到爱丽丝的公钥（这是公开的，人人都可以知道）进行加密，然后发送给爱丽丝。爱丽丝用只有自己才知道的私钥就可以进行解密了。怎么样？不用折腾邮递员来来回回地送铁皮箱了吧？

等一等，这个猜想有什么新颖的地方吗？列位看官，阿迪、马丁这师徒二人提出的新猜想在颠覆人类几千年的密码学历史！为

1　例如"海森堡不确定性原理""量子不可克隆原理"等。所以人们为了区分起见，有时候也把"量子密码"技术称为"物理密码"，而把经典的基于数学困难问题的密码技术称为"数学密码"。

2　目前的量子通信技术（也就是用量子物理特性来协商密钥的技术）与传统的互联网通信还有比较大的差异。量子通信是在一个"可信任的"网络中进行的密钥协商。而传统的加密技术（包括密钥协商）则是用于像互联网这种"天生"就是不可信的网络当中的。当然，将量子密码技术扩展到"不可信"的网络当中，又是一个尚未解决的难题，人们正在跃跃欲试。

什么呢？前面我们讲过，几千年以来，人们在传递军国大事的时候，在进行加密和解密的时候，都必须使用相同的密钥（所以后来才有了工作量越来越大的密钥分发的难题）！而按照阿迪、马丁的新梦想，由于有公钥的概念，大家都可以知道你的公钥，哪里还用得着花费极大的人力物力去派送它呢？把它挂在互联网上广而告之就行了。唯一需要保护好的，就是你自己默默选的那个私钥，而且由于是你自己选的，再不需要人来派送对不对？这岂不是又发明了一个新的解决美国国家安全局局长大人难题的方式？

所以本回结束之际，我们总结一下马丁和阿迪师徒俩的伟大发明：首先他们提出了一套密钥协商的方法[1]，使人们可以不再使用传统的人工传递密钥的方法。当然，通过这种方法协商的依然是传统的用于加密、解密的那把密钥。接下来他们又提出一个颠覆性的想法，可不可以冲破几千年的加解密都是同一把密钥的传统思维，改为采用加密一把密钥，解密用另外一把密钥呢？而且还把公钥公布出去（当然不能把两把密钥都公布出去！），这样就再也用不着"打枪的不要、悄悄地进村"进行密钥分发了不是？

1976年，马丁、阿迪把他们的一个成果（密码协商）和一个猜想（私钥/公钥）整理成册，以《密码学的新方向》（*A new direction of cryptography*）为题发表出来，吹响了现代密码学第一次革命的号角，从而在全球密码学界（以及世界各国神秘的密码机构）扔下了一枚原子弹！

---

1 事实上，早在20世纪初，有一位数学家就证明了马丁、阿迪的这种方式是唯一一种能够满足密钥协商的算法（这师徒二人也是够幸运的了）。只不过这个结果一直没有被人注意到，直到2012年才被著名的华裔数学家丁津泰（Jintai Ding）在寻找新的抗量子计算的密钥交换协议的时候发现。

读者可能会觉得不可思议，他们这就算革命？这就算原子弹？不就是要用一点点数学知识吗？现在走在大街小巷到处可见各种各样的奥数补习班、充满望子成龙梦想的父母，以及跟在后面绝望的孩童。假以时日，这种小技巧我们一样能行！

图 21.8　脑补一下家长与学童的心情

呃，一来，年纪大一点的都知道1976年之前我们在折腾什么；二来，现在各种奥数补习班里的孩子，有多少是发自内心来的呢？他们能够像阿迪那样一听说远方有个同样的逐梦人，二话不说开车就去寻找吗？他们能够像马丁那样哪怕学校要开除阿迪，自己掏钱也要留下这个比自己还大的徒弟吗？

以上就是40年前发生在美国西海岸斯坦福大学的一段传奇。

马丁、阿迪的论文发表之后，世界各国的密码学家既失落，又激动。失落的是，密钥协商这个高峰已经被人攻克了。激动的是，怎么又冒出一个全新的私钥、公钥梦想呢？这个梦想能成真吗？

毫无疑问，在全球密码学家锁定新的奋斗目标之后，最有利也是最有力的竞争者依然是马丁、阿迪师徒，因为老问题是他们解决的，而与之密切相关的新问题又是他们提出来的！

于是全球密码学界的少林武当、衡山峨眉、金轮法王们又蜂拥而至，冲向新的奋斗目标。

1976年秋，美国东海岸一所"技工校"的一位路人丙，正在无所事事地翻阅一本数学杂志，希望从中找点什么有趣的话题，以便开学后做点研究。

两年后率先完成马丁、阿迪梦想（以及全球所有密码学家的梦想）的，正是这所"技工校"的三位"风中少年"。

欲知后事如何，且听下回分解。

第二十二回　冷不防　三名剑客开纪元
铸铁锚　虚拟信任全网连

　　1977年的春天，一个年仅25岁名叫阿迪·夏米尔（Adi Shamir）的以色列青年来到美国东海岸的麻省理工学院计算机系做博士后研究。他是以色列一手培养出来的计算机科学家。本科毕业于特拉维夫大学[1]数学系，硕士和博士毕业于魏兹曼研究所（Weizmann Institute），这是以以色列国父名字命名的该国最高科研机构，类似于我们的中国科学院。

图 22.1　MIT 校园鸟瞰

　　为了叙述方便，让我们称他为小夏吧。小夏来这所"技工校"做博士后研究纯属"侥幸"。因为这个名额原来是给一个名叫姚期智（Andrew Yao）的年轻人的，但小姚后来选了斯坦福大学，

1　参见本书上篇"计算机木马雕塑"的照片。

于是小夏才递补上来[1]。

据小夏后来回忆，他有一天去MIT的图书馆闲逛，想看看有没有什么值得研究的东西，以便对得起MIT付给他的博士后薪水。正巧阅览室里有一本翻开的杂志，估计是上一位读者读完之后忘记归架。于是小夏一屁股坐下来开始继续阅读，只见这一页上有这么一个题目——《密码学的新方向》，作者是斯坦福大学的阿迪和马丁叔叔！[2]

Copied from the brochure on LCS

图22.2 "风中少年" RSA

读完这篇论文，小夏如同发现了新大陆一样兴致勃勃地去找同系的另外两个年轻人，一个名叫罗恩·里弗斯特（Ron Rivest），本科在耶鲁大学学数学，博士跑到斯坦福大学念计算机，我们姑且称他为小罗，那年他刚刚30岁。还有一位名叫伦纳德·阿德尔曼（Leonard Adleman），本硕博都毕业于加州大学伯克利分校，那年他已经32岁了，让我们简称他为阿德哥吧。其实从照片上看（图22.2），这"三个火枪手"当中最右边的阿德哥反而显得最年轻。

1　多年后，据说姚期智先生还曾和夏米尔开玩笑，要是没有当年他的"礼让"，小夏就和图灵奖失之交臂了。不过后来姚期智也因解决了一个著名的密码学问题而获得了图灵奖，成为至今为止唯一一个华人图灵奖获得者。
2　"这么巧啊夏爷爷，你不要欺负我没文化啊！"多年后笔者听到小夏讲述这个趣闻的时候止不住这样问他。夏爷爷对我们莞尔一笑。得勒，姑且信这位老顽童一次吧。

"三个火枪手"当年在群星闪耀的MIT计算机系其实是一个"非主流"的存在。熟悉计算机科学发展史的读者可能知道，在20世纪70年代，MIT计算机系最厉害的研究方向是人工智能，在全球计算机科学与人工智能领域留下了诸多传奇[1]。所以这三位年轻的博士后在计算机系几乎处于教授鄙视链的最底端：搞计算机科学的怎么会想到去跨界搞密码学这么古老的学科？那算是一门科学吗[2]？不外乎就是一群自命不凡的人神神秘秘设计一些勾心斗角的小技巧，顺便启发一下深宫怨妇们的想象力罢了。呵呵，理解理解，多半是这几位年轻人在人工智能领域做不出什么东西了。

不过这三兄弟却把这些风言风语当空气，自娱自乐组成了一个"梦之队"来冲击这个新的密码学巅峰，并各有分工：小夏的才能是一眼能够看穿问题的本质，后来他还开辟了若干现代密码学

图 22.3　大仲马名著《三个火枪手》

1　2018年又投入10亿美元新成立了计算与人工智能学院。
2　正是由于香农以及这五位"风中少年"的贡献，现代密码学才开始与"正宗的"数学融合，进而一发不可收拾。

的新领域，限于篇幅我们这里不得不忍痛割爱[1]。小罗则非常善于进行跨学科交叉研究，我们马上要讲到他率先在另外一个领域找到了解决公钥私钥问题的关键一招。而阿德哥则扮演着审判官的角色。据三人多年后回忆，他们当年经常处于这样一种癫狂的工作模式：小夏、小罗哥儿俩好不容易想到了解决公钥私钥问题的一个绝招，乐呵呵地跑去给阿德哥报喜。阿德哥冥思苦想一晚，第二天早上又来找他们说："两位贤弟啊，你们昨天的想法真是太棒了，除了有这么一个致命的缺点……"然后小哥俩恨得牙痒痒地又被迫从头再来[2]。如此循环往复，一直持续了整整两年。

图 22.4　瑞士著名数学家欧拉

　　1978年犹太历的逾越节晚上[3]，小罗和小夏、阿德分手后回到宿舍躺在床上久久不能入睡，信手拿起一本数学教科书瞎翻。这是一本有关数论的本科教材。突然小罗眼睛一亮：很久很久以

1　他开创了差分分析这一当代密码分析技术（即密码破译）的新领域，尽管其原始思想可以追溯到图灵与香农当年在贝尔实验室喝咖啡的时候"鬼鬼祟祟"的谈话；此外，著名的基于身份的加密技术（IBE）等都是夏米尔提出来的。
2　熟悉现代物理学发展史的读者可能会想起波尔与爱因斯坦那段关于量子力学基本原理的精彩绝伦的争论，与这三位年轻人的研究状态非常类似。
3　犹太历正月十四日，大致相当于中国的正月十五，是犹太民族非常隆重的宗教节日。每年不固定，但均在三四月份春暖花开之际。

前，有一个叫欧拉的大数学家在数论这个花园里面辛勤劳作数十载，种下了许许多多的奇花异草，而这群花草里面有一个后人称为"欧拉推论"的数学定理。这一朵奇葩在数论花园里已经默默生长了两百多年，除了惊人的简洁美之外，从来没人想到她在现实生活中有何用处，直到小罗对她这么"含情脉脉"地打了一个望，顿时天火勾地雷，轰轰烈烈地引爆了年轻人的滚滚思潮。小罗翻身下床奋笔疾书……当第二天第一抹朝霞照亮MIT校园的时候，小罗已经大功告成！在这篇凝聚着"桃园三兄弟"将近两年以来所有心血的文章开头，小罗按照惯例写下了三位作者的名字，这是西方发表论文的惯例——根据作者姓名字母进行的排序[1]：阿德（A）、小罗（R）和小夏（S），并把文章拿给阿德大哥及小夏三弟一起讨论。后两人一致认为是因为小罗率先灵光一现才有了这篇文章，而小罗则认为这是三人长时间纠缠争吵的结果。最后

图 22.5　互联网上谁知道是人还是狗

1　现在发表论文，对于谁排第一，谁又是通信作者……这些关键位置，不少学者绞尽脑汁。

小罗答应，按照贡献大小来排序[1]：RSA。这就是今天被誉为"互联网安全之锚"的RSA算法[2]。

在我们简要介绍RSA算法的科普知识之前，笔者先谈一谈这个算法的重要意义：我们都知道，互联网是一个"没人知道在网上与你交谈的对象是人还是狗"的网络空间。因此，在这个"不可信"的空间里面建立一套可信的机制就十分必要。否则您还敢在"双十一"的时候疯狂地剁手买买买吗？您还敢在网上炒股吗？您还能用微信、支付宝来方便地购物吗？各种软件包还能自动到官网上下载更新吗？想一想您使用的微软系列产品升级过多少次吧，每一次升级您都需要去西雅图微软总部吗？您的华为手机或苹果手机升级了多少次？每一次都需要去深圳或硅谷吗？事实上，所有这一切都不需要您费心费神！而是电脑自动地、悄悄地、安全地为您办理得妥妥的。形象地讲，我们给互联网建了一条"信任链"，而这个信任链之锚就是RSA算法[3]。

所以毫不夸张地讲，没有这个RSA（或者后来的ECC）算法，整个互联网空间就毫无可信而言。那么您还敢使用它吗？

既然RSA算法如此重要，那么当初是怎么找到它的呢？现在让我们回到1978年那个神奇的夜晚一起去见证奇迹吧。与上一

1　阿德哥甚至放出豪言，这篇文章是他参与所有的文章当中，他个人最不看重的一篇。他个人兴趣非常广泛，还是著名的DNA计算之父，还时不时去好莱坞的片场客串科学顾问并顺便"打望"（重庆方言，看美女的意思）。不过，也正是这篇难入阿德法眼的论文才让他与两位兄弟分享了计算机科学的最高奖——图灵奖。

2　互联网是一个"没人知道在网上与你交谈的对象是人还是狗"的网络空间，因此要在上面建立信任机制非常重要，而互联网信任链的基石，就是RSA算法（以及与它原理相通但一直到20世纪80年代才发明的椭圆曲线算法ECC）。对于现在从事网络安全研发的年轻人而言，也许每年以RSA命名的网络安全大会更有名吧。

3　以及1985年才出现的椭圆曲线加密算法ECC（Elliptic-curve cryptography）。这两个算法的数学原理是等价的，功能也是一样的。

回类似，笔者竭尽全力用科普的语言跳跃式地介绍一下这个人类密码学历史上的颠覆性成果。不熟悉密码知识的读者也别怕，经过我们的几个跳跃，其实RSA算法非常简洁优美！

在介绍这个算法之前，非常抱歉我们又不得不短暂地穿越到两千多年前的古希腊，去拜访一下那个古里古怪的毕达哥拉斯学派[1]。这个学派是数学之母，他们主要研究数学最古老的领域——数论，即关于"自然数的理论"。而自然数又分为质数（或者叫素数，prime number）和合数，这是从小我们就知道的知识。一般而言，人们对合数不感兴趣，因为任何一个合数都可以表示为若干质数的乘积[2]。把质数的性质研究透了，也就掌握了合数。所以数论其实就是研究"质数的理论"。而毕达哥拉斯（及其所有的传人）都认为"万物皆下品，唯有质数高"。

关于质数的性质[3]，最舒服也是最基本的莫过于"质数有无穷多个"。是的，自然数从1开始，2,3,4……一直下去，人们都知道有无穷多个。但凭什么能确定质数也有无穷多个呢？两千年前的毕达哥拉斯学派用一招"反证法"杀个回马枪就轻轻松松地搞定了！由此可见古希腊的逻辑体系有多么厉害，有兴趣的读者可以试试："假如质数的数量是有限个，那么……所以矛盾。证毕！"

读者读到这里可能已经按捺不住了：这些东西与RSA何干？！与隐私保护何干？！呃，正是由于质数"取之不竭用之不

1　参见本书前面关于这个学派的介绍。
2　确切地讲，任何一个自然数都可以表示为若干质数及其幂的乘积。人们把这个性质称为数论基本定理。
3　前一段时间还有一则闹得沸沸扬扬的"黎曼猜想"的新闻。读者有兴趣可以自行查阅。

尽"，所以才能保证人人都可以制造自己的私钥、公钥，而且理论上你可以有无穷多对私钥/公钥！至于与隐私保护有何关系，这要等到本书下篇介绍当前各种隐私保护技术的时候了。

下面我们正式开始介绍RSA算法。很快就可以讲完。别怕。

让我们回忆一下上一回阿迪、马丁叔叔的猜想是什么。能否找到一种方法，让爱丽丝拥有一把自己的私钥（悄悄藏起来）和一把公钥（广而告之），然后加密用一把，解密用另一把？

三个火枪手的回答如下：Yes Sir！这种方法我们找到了！流程如下[1]：

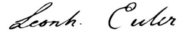

图 22.6 欧拉数字签名示意图

第一步，爱丽丝自己悄悄地选择两个质数。容易吧？小学生都会。为了简单起见，我们假设选的是11和13吧。

第二步，把这两个质数的乘积算出来。容易吧？小学生都会。$11 \times 13 = 143$。

第三步，把这个乘积送进"欧拉推论"[2]中的公式去计算所谓的欧拉函数值。这个公式就是逾越节那天晚上小罗偶尔翻书翻到的。对于爱丽丝而言，由于只有她才知道自己选的这两个质数是什么，因此计算欧拉函数值易如反掌。如果外人不知道这两个质数呢？哪怕是她的心上人巴伯，也要算到"猴年马月"才知道这

1　学习过算法课程的同学知道，这个流程就是所谓的计算机算法。在本书中，称为RSA算法。
2　我们这里选用一个欧拉的签名图片（图22.6），很快读者就能知道这是为什么——数字签名。

个欧拉函数值是什么（本回结束的时候读者会看到这样的趣闻）。读到这里是不是有点"似曾相识燕归来"的感觉？上一回介绍阿迪、马丁的成果的时候，我们谈到了一个神秘的单向函数，不过"桃园三兄弟"用的单向函数还更进了一步，这是一个带有"暗格"的单向函数[1]。这个暗格可以让知道内情的人（比如爱丽丝自己知道选了什么样的质数）很快算出函数值，而不知内情的人，则会算得"望山跑死马"！对于本书选择的最简单的例子而言，爱丽丝马上就可以算出她的欧拉函数值是（11-1）×（13-1）=120这个数[2]。

第四步，爱丽丝选出一个自然数，让它与这个欧拉函数值互质（并且要求比欧拉函数值小）。互质这个概念也是中小学就学过的吧？所以也很容易。当然，符合要求的这种自然数可能不止一个。让我们把选出来的这个自然数叫作"爱公钥"（这就是爱丽丝要广而告之的她的公钥）！对于本书的例子而言，欧拉值是120，与它互质又比它小的自然数有很多。爱丽丝可以顺便选一个。假设选"爱公钥=13"。

第五步，见证奇迹的时刻到了！计算"爱公钥"的倒数。这个倒数不是小学时候学的倒数，而是所谓的"欧拉函数值的模倒数"（所以这个时候的倒数依然是一个自然数）。由于爱丽丝能够很容易地算出自己的欧拉函数值，因此计算这个倒数也非常容易。至于外人要根据爱公钥去反推这个倒数嘛，我们只能说呵呵了。而

1　密码学的学术名称是"单向陷门函数"。
2　对于爱丽丝而言，一般的欧拉函数值就是她选择的两个质数分别减去1之后，再相乘，所以非常容易。

这个倒数就是"爱私钥"！在我们的例子当中，"爱私钥=37"[1]。

Game Over！爱公钥13（广而告之），爱私钥37（偷偷藏起来）。

接下来巴伯要给爱丽丝写情书，他只需去公共网站（或者爱丽丝发公开邮件给他）找到这把爱公钥13进行加密。爱丽丝收到这封加密情书后，用只有她自己才知道的私钥37进行解密，就可以再次看到"小爱，我梦中的甜心，愿意嫁给我吗？"

人类密码学历史上第一次，加密、解密可以不用同一把密钥就完成了，而且免除了"神秘的黑衣人传递密钥"的辛苦。

然而，RSA更为神奇的一个应用却是以下这种场景：

假设爱丽丝终于答应了巴伯的求婚，于是给巴伯回一封公开信（天下人都来祝福我和巴伯哥吧！）。这封公开信唯一的要求是什么呢？巴伯必须能够确认写信的是爱丽丝本人，而不是隔壁王大嫂。于是爱丽丝用她自己的爱私钥37给这封信加密，然后发给巴伯。巴伯收到之后怎样才能解密呢？根据我们上面介绍的公钥私钥对的思想，他只有使用爱公钥13才能打开！用他自己的或王大嫂、李大爷的公钥统统不行！

图 22.7　数字签名示意图

1　因为 $13 \times 37 = 481$，而481又可以写成 $481 = 4 \times 120$（欧拉函数值）$+ 1$，按照求模倒数的定义，13（爱私钥）与37（爱公钥）互为倒数。有兴趣的读者可参看相关的模倒数定义。

请注意：上面这个场景当中，爱丽丝并不需要对自己的邮件内容进行保密，而是要确定这封邮件一定是自己发出的。事实上，由于爱公钥是公开的，所以这个世界上所有人都可以解密这封邮件并读到爱丽丝的誓言："巴哥（不是八哥），小女子无以为报，只能以身相许。"由于有"爱私钥"做安全保障，所以如果有人使坏以爱丽丝的名义写"八哥，小女子无以为报，只好下辈子当牛做马"，但由于没有"爱私钥"加密，所以其他人也无法用"爱公钥"解密。

这是在干吗？这其实就是爱丽丝在用她的爱私钥进行签名！就是我们今天所说的"数字签名"[1]，也就是我们前面讲到的"互联网信任之锚"。

正是有了 RSA（和 ECC）公钥加密算法，人类历史上第一次可以用数字的方式，并且非常安全（无人能够篡改）地进行"个性化签名"[2]。而这种功能是以前任何一种加密算法（包括量子加密）都无法实现的。其根本原因在于：公钥加密算法提供了"唯一身

图 22.8　战略导弹发射演习

1　我国专门有《中华人民共和国电子签名法》，其技术原理就是这个算法。
2　当然，在现实生活当中，这种签名并不需要你自己动手，而是完全自动化、软件化、网络化了。例如银行发给你的 U 盾就是干这个的。

份认证"的机制。这，也许才是斯坦福、MIT这五位"风中少年"给人类、给当今的互联网带来的大礼包。

本回结束之时，让我们也稍微轻松一下，聊几个关于RSA的趣闻。第一个是英国人再次与这个划时代的发明失之交臂（天呐！怎么又是"起个大早赶个晚集的"英国人！）。按照英国政府通信总局[1]1995年解密的资料，该局下属的一位数学天才，也是图灵在剑桥大学的校友在1975年就独立发现了这个算法，只不过英国人把它用于发射核武器的密码保护方法[2]，所以没有公布出来。估计英国人后来看到RSA算法申请了专利，并且赚得钵满盆盈的时候[3]，肠子都悔青了吧？

第二个趣闻是一家著名的美国科普杂志在1978年刊登了这么一个趣味挑战，它给出了一个真正用于私钥、公钥的两个质数的乘积（大致相当于10^{129}数量级，而不是本书科普性质的$11 \times 13 = 143$），然后询问是哪两个质数相乘的结果？这个很大的数有多大呢？

114，381，625，757，888，867，669，235，779，976，146，612，010，218，296，721，242，362，562，561，842，935，706，935，245，733，897，830，597，123，563，958，705，058，989，075，147，599，290，026，879，543，541

整整16年后的1994年，终于有人算出来了这是哪两个质数相乘的结果。

---

1 英文名称是GCHQ，相当于NSA。

2 读者可以脑补一下如好莱坞大片当中发射核导弹的时候，需要两人两把钥匙同时操作。

3 很多由RSA算法衍生出来的产品都要给RSA公司缴纳专利费。

一个质数是：

3，490，529，510，847，650，949，147，849，619，903，898，133，417，764，638，493，387，843，990，820，577

另一个质数是：

32，769，132，993，266，709，549，961，988，190，834，461，413，177，642，967，992，942，539，798，288，533

如果您不信，可以把它们乘起来验证一下。

由此可见，如果不知道爱丽丝选择的是什么质数，那么旁人需要花多少年才能辛辛苦苦地把它们计算出来。这就是所谓单向陷门函数的魅力之处！您可能还会想，这么辛辛苦苦地算出来，奖金一定不少吧？这家科普杂志后来送来的奖金是几张"必胜客"的优惠券，所有参加破解工作的密码爱好者们高高兴兴吃了一顿披萨以示庆祝。

第三个趣闻是，1978年暑假，这三兄弟把他们的成果发表出去之后，也没有觉得有啥惊天动地的。三人各回各家，各看各妈。小夏后来回忆说，等他从以色列休完假回到MIT，打开办公室，发现屋里堆满了来自世界各国的信函。这些邮件都是同样一

图 22.9　犹太民族的"逾越节"

个内容，索要他们论文的副本[1]。"这个时候我才觉得我们好像出名了"。

第四个八卦是，夏爷爷前几年应笔者邀请来华访问并担任荣誉教授，笔者曾私下和他聊天问过1978年的那个犹太逾越节夜晚有些什么不同的事情发生，才导致了这个伟大的发现。夏爷爷想了半天说："呃，那天晚上我们三个去MIT的犹太学生社团混吃混喝，大家都吃多了，所以晚上睡不着……"

最后一个不是八卦的消息是：小罗、小夏和阿德哥因他们在人类密码学发展史上的这一伟大贡献而分享了2002年的图灵奖。

2015年，阿迪、马丁也获此殊荣。

列位看官，至此，本书中篇告一段落。

我们在这部分集中介绍了隐私保护框架当中最为重要的一些初期的法律、原则，以及背后推动它的技术洪流。读者在下篇将会看到，从20世纪80年代开始一直到今天，欧美各国迎来了个人隐私信息保护的一个高潮，无论是整体法律框架（以欧盟为主）、技术标准（以美国为主），还是各项隐私保护技术，都开始像火山一样迸发出来。

1　那个年代还没有电子文档PDF和Word，刊登他们学术成果的杂志数量有限，所以大家一般都直接向作者索要论文的纸质副本。

第二十三回　大迁徙　网络文化新概念
　　　　　静思量　未来道路谁领先

　　"生命在于运动。"这句话用来形容我们这个星球上的各种动物再贴切不过了，但您可曾想过，这其实是一种很矫情的说法？残酷的现实是"生命在于流动、流窜、流浪"，比如每年非洲大草原上周而复始上演的角马大迁徙：200万只角马拖儿带崽从1月份开始到12月份结束，围绕着将近1.5万平方公里的塞伦盖蒂（Serengeti）国家公园浩浩荡荡地绕上一大圈，而狮子、鳄鱼等各种凶残的食肉动物则沿途虎视眈眈地寻找着大快朵颐的机会。更为壮观的场面则发生在拥有"地球冥湖"之称的纳特龙湖湖畔，

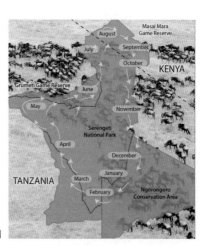

图 23.1　Serengeti 国家公园动物迁徙图

图 23.2 纳特龙湖的火烈鸟

那里是世界上最美丽的火烈鸟迁徙地，每年数量达400万只之多[1]。

与动物迁移相比，更为悲壮的是人类的迁徙。大约15万年前，由于环境的恶化，露西奶奶的子子孙孙开始呼朋唤友告别非洲大草原踏上了"背井离乡"之路。

公元前1450年，以色列先祖摩西带着200万犹太子民扶老携幼离开了埃及去寻找"应许之地迦南"。

3000年后的公元1620年"双十一"那天，180吨的小货船五月花号载着102名新教徒逃离欧洲大陆抵达北美，从此拉开了美洲大陆移民的序幕。之后伴随这些清教徒陆续来到这块神奇土地的，还有被贩卖来的600万非洲黑奴，以及死在路上的同等数量的同胞[2]。

又过了一百多年，数百万来自湖北、江西、福建、广西等十几个省份的百姓开始了"湖广填四川"的苦难历程。

1　"这里的淡水湖充斥着无尽的天然碳酸钙、苏打、盐等物质，几乎没有什么生物可以生活在水中，但每年，总有几个星期，当雨水降临纳特龙湖，它会创造一次壮观的盛会，这是非洲最大的不解之谜，火烈鸟伴着雨水而来，不知为何，它们知道返回纳特龙湖的时间，它们放弃了其他大裂谷周边的湖泊，并飞行数百甚至数千公里来到这里。"
2　同样悲惨的还有数十万华工。

与动物周期性循环往复的迁徙相比，人类历史上若干次大迁徙有两个共同特点：一是受恶劣的环境所迫，或者被"强人所难"，一般是离开之后"再也难回头"[1]。二是搬迁的时候几乎都是一贫如洗。十几万年前智人向其他大陆迁徙的时候，随身携带的可能只有遮羞的兽皮和打狗棍，摩西带着信徒离开尼罗河流域的时候，手里攥着的恐怕只有羊皮纸做的《创世纪》和瘦骨嶙峋的子民；五月花号上的清教徒们上船的时候，从信仰名称上就知道他们身上也没有多少银两，而非洲黑奴被贩卖到北美大陆的时候，更是被剥得一丝不挂；"湖广填四川"的凄惨就更不用提了，以至于民间至今流行着"解手"的传说。

图 23.3　罪恶的黑奴贸易

然而，从20世纪90年代开始人类大规模迁移到另外一个"应许之地"，而且人类历史上从来没有这么多的人口，在这么短的时间里高高兴兴地"集体迁徙"到这个地方。是的，这就是人类为自己发明创造出来的网络空间（Cyberspace）。如果您想知道全球网络用户有多少，那么世界上各种"网络人口普查部门"会

1　犹太民族两千多年前被迫离开耶路撒冷，现在又想方设法从全世界回到以色列算是人类迁徙史上的一个例外。

纷纷给出各自的答案，数据上大致相同：从20世纪90年代初互联网开始全球普及到今天短短二十多年的时间内，全球近80亿人几乎一半（48%）迁移到了网络空间当中[1]。而且与人类历史上的若干次凄惨的大迁徙相比，这种迁移也有几个不同的特点：一是"随进随出"，不需要通知海关、移民局，而且不分先来后到，人人都是"网络原住民"。二是"富裕的迁徙"，也就是"有钱又有闲"。因为要进入网络空间的基本前提是至少拥有一台电脑或手机[2]。如果以最低上网机/手机售价500元人民币或100美元计算，那么今天迁徙到网络空间的人们还是要比当年裹着一张兽皮遮羞甚至一丝不挂的黑奴们要富裕得多。至于"有闲"，恐怕现在的手机族都不好意思承认这确实是个事实[3]。三是"心甘情愿"，没人在后面拿着皮鞭抽你，拿着麻绳捆你。四是这个全新的"迁徙地"是纯粹人造的。与那些边界相对固定的自然迁徙地相比，这个人造的移居地还在不断"开疆拓土"，内容更是千变万化。

图 23.4　网络空间

1　"ICT Facts and Figures 2005, 2010, 2017". Telecommunication Development Bureau, International Telecommunication Union (ITU). Retrieved 2018-10-07.
2　当今社会很少有人仅仅靠去网吧才能上网吧？更何况很多人都更换了若干次智能手机。
3　想象一下少部分人上班在看什么？大多数人晚上回家在干什么？

这种变化的冲击力有多大呢？我们打这样一个比方来帮助大家脑洞大开吧：设想一下如果联合国突然一夜暴富，比如捕获了一个钻石小行星，或者抓了一个外星人逼他交出了黑科技，于是决定给全球近80亿人每人分配一套小别墅，而且想什么时候住就什么时候住；欧式独栋、四合院、蒙古包……如何装饰你的房间你做主，你的邻居由你自己选，各国政府甚至国际机构出钱配保安、物管……这是一个什么样的社会？

而这就是人类社会进入20世纪90年代之后，网络空间当中开始发生的并将继续发生的剧烈变化。那么这种"数千年之大变局"对人类隐私保护意味着什么呢？正如本书上篇提出的一个观点，只有在相对和平的、歌舞升平的年代，人类的隐私意识才会被提上议事日程。现在这个星球上并没有立刻爆发世界大战的迹象，而全人类正在进入一个不断变化的数字新疆域，因此对自己的隐私信息也就愈发关注。

也许站在更加宏观的社会学层面来审视网络空间的个人隐私保护，即所谓的"网络文化"，我们才会对本书下篇将要阐述的欧美各国"个人隐私信息保护工程"有一个更加全面的认识，进而"他山之石可以攻玉"，思考这些经验或教训有哪些可供我们借鉴。

1963年，国际形势总体平稳可控[1]，大致上属于"歌舞升平"的年代。这是一个可以谈一谈阳春白雪或者风花雪月的时段。这时候一位名叫爱丽丝·玛丽·希尔顿（Alice Mary Hilton）的"有

---

[1] 那时候美苏两国除了各自铆劲儿生产核武器和洲际导弹之外，其实都拿对方没招，因为谁也不敢（也不愿）先打第一枪。

图 23.5 网络文化

钱有闲又有才"的美国人开始"悟道并传道",大力推广她创造出来的一个新词儿。这个爱丽丝并不是前面介绍密码学知识而杜撰的,而是一个真实的美籍英国人。爱丽丝1936年出生于一个贵族世家[1],本科、硕士和博士就读于剑桥大学,与图灵是校友,不过她主攻的是哲学与艺术。然后觉得不过瘾,她又跑到美国加州大学读了一个数学与电子工程博士。爱丽丝一生始于哲学,旺于电子,终于文化,20世纪60年代初开始创立了以她自己名字命名的基金会,到处奔走呼号一个全新的理念:爱丽丝女士深受控制论(Cybernetics)的启发和快速发展的计算机产业的影响,发明创造了Cyberculture(网络文化)这个新词儿,算是当今互联网文化研究领域的创始人吧。在爱丽丝眼里,人类社会只有两个最典型的阶段可以相互对比,一个是农业文明阶段(Agriculture),还有一个就是她力推的网络文化阶段(Cyberculture)。农业文明(包括后来的工业文明)时代,人类从本质上来讲都忙于同一件事情:想方设法填饱肚子。无论是新技术的发明,还是争夺土地资源的战争……统统都是围绕这个来展开的。而网络文明时代,由于

1　其母亲姓氏当中带有"冯",估计是德国贵族后代。

图23.6 机器人进化史

大量的自动控制技术的应用和无数"电子奴隶"心甘情愿地为人类服务，人们在数千年历史长河当中第一次不愁吃不愁穿，怎么打发时间成了一个很重要的问题——"人类必须找到新的目标来让自己每天过得很充实。"这些观点和前一段时间的大热门著作《人类简史》《未来简史》和《今日简史》是不是很相似？

　　读者可以想象到，按照爱丽丝的美好梦想，在"天堂一般"的网络社会当中，人类的隐私将会得到极大的关注："（在这样一个时代），隐私成为一个公民的基本权利，并且是人与人和谐相处的必要前提。"爱丽丝斩钉截铁地发出了这样的宣言，她这份宣言书随后也被位于美国加州著名的"计算机历史博物馆"所典藏。

　　要知道半个多世纪之前计算机网络的概念还处于萌芽状态，相关研究报告还锁在兰德公司的保险柜中，而有钱有闲有才又有梦想的爱丽丝已经在开始思考人类社会的未来雏形了！

　　在接下来的章节当中，就像堂吉诃德主仆二人一样，让我们信马由缰到处游荡，看看人类社会在网络时代的隐私保护方面实现了多少爱丽丝们的梦想，以及差距还有多大。

　　读者将会发现，进入20世纪90年代之后，欧美各国的个人隐私信息保护形成了"三足鼎立"的局面，一个是以欧盟为主的

图 23.7　堂吉诃德主仆

"法律派",一个是以美国为主的"标准派",还有一个嘛,那就是
以全球各地的红黑客为主的"散打派"。

第二十四回　大手笔　经合组织谋新篇
　　　　　　　写指南　隐私保护新局面

　　如果说20世纪60年代末开始建设的互联网是在网络空间当中为人类提供毛坯房的话，那么90年代初那位在日内瓦湖畔欧洲

图24.1　世界上首个 web 网页

核子物理研究中心（CERN）当临时工的李姓计算机工程师[1]发明的万维网，就相当于给人们提供了按照自己的意愿去设计装修精装房的技术。1991年，全球只有一个web网站。而现在有多少呢？接近20亿个！一家四口住一套精装房，是不是就装下全球总人口了？那么再过10年，物联网大规模普及之后呢？5G、6G……NG？

　　几乎在老李工程师设计万维网的同时，新成立的欧盟[2]也开始

1　蒂姆·伯纳斯·李（Tim Berners-Lee），时任该研究中心计算机部门的合同工。
2　欧盟成立于1991年12月，与万维网同年诞生。

准备在法律上"一统江湖",将欧盟各国有关个人隐私信息保护的法律上升到更高的层面,这就是1995年年底欧盟颁布实施的《数据保护指令》,并且以此为契机,最后形成了一系列个人隐私信息保护的"多国联盟"法律体系、监控保障系统,以及立法原则等。所以欧洲人蛮自豪地讲,他们对人类隐私信息保护的贡献是制定了一套堪称"黄金标准"的法律体系。这么讲也不完全是"欧婆卖瓜"。作为最早的"个人隐私数据保护法律"发源地,到后来《数据保护指令》以及最新颁布实施的《通用数据保护条例》,欧洲大陆是世界上唯一一个围绕"个人数据保护"这条鲜明的主线来构建隐私保护法律体系的国家联合体。从本回开始,我们将逐一介绍这条主线及其"黄金标准"的精华所在。

图24.2 经合组织总部(巴黎)

作为国家联合体,1961年成立的经合组织(Organization for Economic Co-operation and Development,OECD)[1]最早是从1969年开始构思在其成员国范围内形成一个统一的个人数据保护框架。最初的原始动力源自所谓的"数字银行"(Databank)。

---

[1] 准确地讲,OECD是第二次世界大战结束后,接受"马歇尔计划"援助的欧洲部分国家,加上援助国美国、加拿大共同组建的。因此,与本回密切相关的隐私保护建议依然适用于欧洲国家,以及美、加两国。

这是一个借助计算机技术的快速发展而将所产生的大量数据当作与土地、能源一样的生产资料，进而推动社会经济发展的概念[1]。为此，经合组织还专门成立了一个技术专家小组以及数字银行委员会来讨论成员国之间如何开发、利用和保护个人数据。随后还在法国巴黎（经合组织总部）举行了一系列研讨会。到了20世纪80年代初的时候，该组织成员国当中的奥地利、加拿大、丹麦、法国、德国、卢森堡、挪威、瑞典、美国都通过了个人隐私信息保护法律，占经合组织成员国一半以上。而比利时、冰岛、荷兰、西班牙和瑞士正在摩拳擦掌提交草案。在这种大氛围下，为了整合各成员国不同的意见，经合组织采取两步走的方案。首先提出了《指南》，其次提出一个《公约》。下面我们花开两朵，只表一枝，重点介绍《指南》，因为这是世界上首个跨洲跨国界的国家联合体关于形成统一的个人数据保护原则达成的共识，对后续欧洲的"黄金标准"法案产生了深刻的影响。

经合组织提出的《指南》全称叫《经合组织顾问委员会关于保护隐私与个人数据跨境流动的指南》（*Recommendations of the Council Concerning Guidelines Governing the Protection of Privacy and Trans-Border Flows of Personal Data*）。《指南》的名称很长，内容也不少，但掌握了它的四梁八柱框架，理解起来就很容易了。首先就是该《指南》希望解决的问题有两个。这两个问题互相矛盾又互为依托：一是"由于数据自动化处理技术的飞速发展，海量数据在瞬间就跨越国界甚至大陆，因此解决个人数据隐私保护非常

1　现在"数字银行"这一术语早已退出历史舞台，取而代之的是干瘪的"数据库"这个技术术语，或者"数字经济"这个更加庞大的框架。

重要"。经合组织各成员国都拥有或正在准备设立自己的数据保护法。二是"各国不尽相同的法律框架又为个人数据的跨境流动带来障碍"。因此，该《指南》的目的是处理好上述两者之间的矛盾，掌握好个人数据安全与数据利用效率之间的平衡，并让各成员国"求大同存小异"达成共识。这些都是老生常谈是不是？

图 24.3　法国前总统德斯坦

然而有趣的是，当初经合组织为了撰写这个《指南》而成立的技术专家小组也好，数字银行委员会也好，大家的共识其实主要是想"开发利用"各成员国的个人数据。但为什么后来对"个人数据保护"也非常重视呢？这起源于 20 世纪 70 年代末出任法国总统的吉斯卡尔·德斯坦（Valéry Giscard d'Estaing）先生。经合组织任命的技术专家小组的主席、奥地利国际法专家米歇利·科比（Honorable Michael Kirby）2010 年在法国巴黎参加经合组织《指南》发布 30 周年纪念会上，专门提到了这段历史。那是在经合组织专门召开的一次大型"个人数据"圆桌会议上，德斯坦总统出席并发表了专题讲话。这位在第二次世界大战中参加

图 24.4 1945 年解放巴黎时街头巷战

了法国抵抗组织，还在解放巴黎的战斗中打过巷战的"法国小兵'张嘎'"[1]动情地说道："为什么在第二次世界大战期间，法国这么多难民和犹太人活了下来？而在荷兰，为什么那些活下来的犹太人和抵抗组织的战士却屈指可数？这是因为30年代的时候荷兰政府从提高效率出发，在个人身份证上加了一张金属薄片，这张薄片上嵌入的是个人照片。而在当时，这是最新的安全保护技术。但法国却依然采用老式方法把照片贴在身份证上，所以我们可以非常容易把照片抹去。就是这一点点差别，救了成千上万的人的命。在法国，他们都幸运地活了下来，而在荷兰，不少犹太人和抵抗战士都被纳粹干掉了。"最后德斯坦总统两眼发光地说道："效率并非一切。一个自由社会还应当保护其他的价值。而个人对自己数据的控制权就是其中之一！"

正是因为德斯坦总统这番讲话，使得经合组织专家小组和数字银行委员会对《指南》中个人数据的保护与个人数据开采利用的均衡把握有了更深刻的认识。而这些最后都体现在《指南》文

1　德斯坦总统在法国1940年投降时仅仅14岁，巴黎解放的时候才18岁，应该是一个小兵娃娃。

件中。

《指南》的核心内容分为以下五个部分。

一是基本定义：

"数据控制者"——数据控制者是指根据成员国国内法授权来决定个人数据的内容与使用方法的机构，无论这些数据是否由该机构或者其代理部门负责进行采集、存储、处理或删除。

按照该《指南》的说明，"数据控制者"的定义至关重要，它只能由成员国相关法律指定的机构来承担这项工作，而其他那些获得授权进行数据处理的机构，并未获得授权决定数据内容或用途的机构就不包括在内，一个典型的例子是电信运营商或者类似的数据中转机构。

"个人数据跨境流动"，顾名思义，指的是跨越国境的个人数据流。这是本书前面所介绍的内容中不曾出现的一个新词，但随着互联网把世界各国连成了一个"地球村"，这种现象愈发普遍，因此而带来的个人数据保护与数据价值之间的平衡就显得更为重要。

二是个人数据保护的基本原则。《指南》提出来的基本原则一直被后续的《数据保护指令》所采纳，并且在下一回的《公约》中还会有进一步的发挥。《指南》一共提出了八大原则[1]：

（1）有限采集原则：个人数据的采集应当是有限度的，并且任何采集过程都应当是合法、公正的，而且应当知会数据主体或者获得数据主体的同意。

1　读者不难发现，不少原则都是在20世纪70年代欧盟各国个人隐私保护法律实践当中提炼出来的。

（2）数据质量原则：个人数据应当与其用途有关，并且应当是准确、完整和即时更新的。

（3）目的明确原则：个人数据采集的目的应当明确、细化，不能晚于采集的时候，而且仅限于完成该项目，从而避免出现与目的不符或改变用途的情况。

（4）有限使用原则：个人数据不能开放给与上述目的不相符合的其他领域，除非获得数据主体本人的同意，或者有法律授权。

（5）安全保护原则：个人数据应当采取适当的安全保护措施，以防止出现丢失、非授权访问与使用、篡改和泄露。

（6）开放性原则：对于个人数据的开发、实践和相关要求应当有一个开放性的总体性政策。相关的措施包括个人数据的类型、主要用途，以及确认数据控制者及它们通常的存在形式。

（7）个人参与原则：数据主体应当能够有权从数据控制者那里获得这样的权利：（a）有权知晓控制者手里是否拥有与他相关的数据；（b）与之相关的数据是否及时告知本人，包括是否以适当的方式在使用这些数据、是否以能够理解的方式通知他;(c)如果（a）、（b）两条被控制者否决，是否能够给出合理的解释，以及是否能够反驳这样的否决；（d）如果反驳成功，数据主体是否可以删除、矫正、补充或修改相关信息。

（8）可核查原则：应当有可核查的手段来查看数据控制者是否有效地实施了上述各项原则。

三是涉及"数据自由跨境流动与法律限制"的相关原则：

（1）各成员国应当彼此相互考虑个人数据在对方国内进行处理及再出口的问题。

（2）各成员国应当采取一切必要措施确保个人数据跨境流动时候的安全。

（3）成员国应当尽量不去限制本国的个人数据与其他成员国之间的跨境流动，除非后者并不遵从本《指南》或者数据的再出口与本国的个人隐私法律相悖。另一方面，一旦成员国本国法律对某些类型的个人数据有明确规定，或者其他成员国没有相应的保护，那么成员国也应加强对数据跨境流动的限制。

（4）各成员国也应当避免出台这样的法律、政策或措施，即虽然以保护个人隐私或个人自由为名，但实际上超出了这种保护的需求，从而增加了数据跨境流动的障碍。

四是涉及各成员国的国内法律法规等。《指南》针对数据跨境流动过程当中可能涉及的各个成员国的法律调整、司法实践、个人或行业自律等提出了一些建议。

最后，《指南》提出了三条国际合作的要求：

（1）一旦需要，各成员国应该知会其他成员国关于自己是如何贯彻这些原则的细节的。各成员国也应当确保在数据跨境流动过程当中，相关的个人隐私保护与个人自由能够尽量地简化，并能够与其他遵从该指南的成员国相兼容。

（2）各成员国之间应建立这样的流程来促进与本指南相关的信息交换，以及相关处理流程与调查过程的相互协作。

（3）各成员国应当携手致力于发展国内和国际上的普遍原则，以规范和治理个人数据跨境流动的有关法律。

经合组织1980年出台的《指南》可以视为国际上首份有关个人数据隐私保护的国际合作倡议书。紧接着在1981年该份倡议书以《公约》的形式开放给经合组织及其他愿意加入该公约的

图 24.5　威斯特伐利亚公约

国家自愿签署。该《公约》的全称是《个人数据自动处理保护公约》（*Convention for the protection of individuals with regard to automatic processing of personal data*）。采用签订条约、公约这种方式来处理国际关系当中的各种事务是近代欧洲大陆对人类文明的一大贡献，最早可以追溯到"威斯特伐利亚体系"的建立。而且正如上面提到的德斯坦总统的那段讲话，由于第二次世界大战期间纳粹德国、意大利法西斯对犹太人、共产党人等的惨烈迫害，欧洲老百姓对于公民个人权利的保护更为重视，所以在1950年提出了著名的《欧洲人权公约》。而该公约的第八款就是"隐私保护"。因此，经合组织提出的个人数据保护公约从法理上来讲，也是与《欧洲人权公约》一脉相承的。

经合组织这个《公约》的主体内容和框架完全继承了《指南》的设想和建议。一个《指南》、一个《公约》，欧洲人在20世纪80年代奏响了个人数据跨国保护的圆舞曲。

第二十五回　成正果　欧洲联盟定边界
提控告　小马同学揭破绽

　　如果说20世纪80年代经合组织提出的数据保护公约是世界上第一部跨国、跨洲的个人隐私信息保护规约，那么1995年欧盟出台的《数据保护指令》（以下简称《指令》）就是世界上第一部国家联合体之间的个人隐私信息保护法规。二者之间的差异在于，公约没有法律效力，仅仅是各签字国对该共同体的"国家承诺"。而《指令》则是欧盟的一个法律法规，是要求各成员国共同遵守的法律。为了确保该法律的有效实施，欧盟还设立了统一的监督机构。如果说经合组织的《公约》是国家联合体个人信息保护1.0版，那么欧盟的《指令》则是2.0版。这两者之间的内在联系也非常紧密，例如上一回《指南》《公约》中所提到的基本概念（如数据主体、数据控制者等）、基本原理、数据跨境流动的要求等也被《指令》所继承，并且进一步发扬光大。

图 25.1　欧洲议会大厅

《指令》适用的范围不仅仅针对欧盟境内的数据控制者，任何一个在欧盟境内设置了设备进行个人数据处理的机构，即使数据控制者在欧盟境外，它也受该法规管制，例如外国公司驻欧盟机构，如果处理的信息涉及欧盟公民个人，也要遵从该指令。我们将在本回看到由此而产生的精彩故事。

虽然《指令》继承了《公约》的基本框架，但它也在此基础上进行了凝练。简要地讲，就是"三类基本要求""一个监督机构"和"专家工作组"。下面我们分别进行简要介绍：

《指令》把个人信息采集必须遵循的基本要求分为三类："合法性"（Legitimate purpose）、"适当性"（Proportionality）和"透明性"（Transparency）。合法性无须多言，我们简要阐述一下"适当性"和"透明性"。

"适当性"就是本书前面提到的个人信息采集"够用就行"，并且要符合采集者所声称的目的；数据必须准确、及时更新、可以删除或修改、有限期保存、存储方式要安全等几个我们已经熟悉的要素。此外，如果数据涉及个人的宗教信仰、政治观点、身体健康、性取向、种族，以及曾经参加过的机构等敏感信息，那么处理的时候必须采取更严格的要求。

"适当性"明确规定，数据主体可以拒绝任何以商业为目的的数据处理。此外，《指令》还非常有"前瞻性"地规定，任何"基于算法"（algorithm-based）的个人数据处理[1]，一旦这些处理的结果涉及法律或对个人产生显著影响，那么数据处理过程可以采用人工介入的方式，而且一旦采用自动化处理，《指令》也赋予了

---

[1] 这个观点对于当今不少人动辄就声称人类已经进入"算法时代"尤为重要。

数据主体对处理结果进行上诉的权利。

"透明性"的主要内容我们前面已介绍过，但在《指令》当中更加细化。例如数据主体有权被告知数据用于什么目的，而数据控制者则必须提供自己的名称、所在地、数据结果的使用单位等。《指令》要求，只有在下属前提条件之一满足的情况下，才能进行数据处理：①征得数据主体同意；②为了处理合同；③履行必要的法律责任；④保护数据主体的关键利益；⑤对公众利益至关重要，或者官方授权机构需要数据控制者予以协助；⑥涉及任何一方（包括除数据主体与数据控制者之外的第三方）的法律纠纷，而且这种情况下的法律行为凌驾于该数据主体基本权利与自由之上。此外，"透明性"还赋予了数据主体处理自己所有信息的权利，以及要求删除、修改、封存那些个人数据，只要这些要求符合该《指令》覆盖的范围。

下面我们介绍"一个监督机构"。《指令》对所有成员国都提出了设立监督机构的要求，而且必须是独立的第三方机构来监督：①监控各成员国在个人数据处理当中的行为；②给政府部门提出执行《指令》过程当中的具体建议；③在执行过程当中一旦违反《指令》规定，则负责启动法律诉讼程序。而数据控制者在处理个人数据之前，必须向这个第三方监督机构报告本机构的性质、数据处理的目的、数据主体是哪一类人群，以及哪些数据与之相关；此外还必须告诉监督机构是谁，最后使用这些数据、流向第三国的数据有哪些，以及保护这些数据的总体方案。而上述所有信息都必须在一个公共机构注册登记。

为了保证监督机构准确履职，《指令》第29条还设立了一个名为"第29条款之数据保护专家工作组"（Article 29 Data

Protection Working Party）。该专家工作组的主要作用是给监督机构提出专业化的建议，包括欧盟与第三国在处理个人数据当中的关系、各成员国在遵循《指令》的时候是否是一致的、保护个人数据的时候有哪些法律条款可供选择，以及向公众提出各种个人数据保护的职能等。2018年欧盟《通用数据保护条例》生效后，这个专家工作组更升级为"欧盟数据保护局"（European Data Protection Board，EDPB）。

"专家工作组"在1996年成立后，最重要的工作是处理涉及欧盟与"第三国"在处理个人数据时的关系。而《国际安全港隐私保护原则》（*International Safe Harbor Privacy Principles*，以下简称《安全港》）则是该专家工作组的得意之作。它是专门用于处理欧盟与美国这个信息化最发达、相关法律条款最繁杂的第三方国家关于个人信息保护的协议，特别是针对欧盟或美国境内处理个人信息的私人机构，后面闹出的法律纠纷也是因此而起。在介绍这些有趣的法律案例之前，我们先简单介绍一下《安全港》的基本原理。在欧美司法界，通俗地讲，"安全港"（safe harbor）特别指那些提供给法官用于判断是否违法行为的一个"私人工具"。以"危险驾驶"引发的交通违法案件为例，如果根据法律条款把每小时40公里的速度定义为安全驾驶，而每小时180公里的速度定义为违法驾驶，那么速度在40~180公里发生的交通事故，就留给法官来判断是否是危险驾驶了。要是法官那天心情不好，哪怕你每小时仅仅开了45公里，说不定你也要倒霉。因此，安全港的作用就是在"非黑即白"的法律条例当中设立一个缓冲区。

让我们回到本回的主题上来。1998—2000年，欧盟的这个专家工作组与美方经过两年谈判，达成了"数字安全港"的共识，即每一家要在欧盟地区处理个人数据业务的美国企业，只要声明遵守《指令》提到的七大基本原则（上面介绍过，分为三类），以及《指令》拟定的十五个问答题，那么就可以纳入这个"安全港方案"，从而可以开展欧盟地区与美国进行个人数据传输的业务。所以，一旦出现法律纠纷，法官就可以根据这个缓冲带原理来进行个例判罚。而这一点对于"数字时代"尤为重要，读者来判断一下如果某个人的信息被泄露了一个比特或者一百个比特，哪种情况就触犯了《指令》？

图 25.2　硅谷"脸书"公司鸟瞰图

　　然而，就是这样一个欧洲旧大陆与北美新大陆之间"友好合作相互协助"的《安全港》共识，却被一位正在过人生第二个本命年的奥地利青年推翻了，中招的则是大名鼎鼎的"脸书"公司。而他拿起的法律武器恰恰也就是欧盟的《指令》。这个故事得从这位名叫马克思·斯雷姆斯（Max Schrems）的大学生2011年的一次美国游学之旅讲起。当时他在加州圣克拉拉大学（Santa Clara University）当为期三个月的交换生。这所学校位于现代信息产业的麦加圣地——硅谷，所以学校也经常请一些硅谷"大咖"前来布道。有一天，小马同学所在班级的教授邀请脸书公司的法律顾问艾德·帕米尔（Ed Palmieri）前来与学生们互动交流，这是美国高校经常采用的教学方式。在和艾德律师的互动交流过程当中，"说者无意，听者有心"，这家世界著名企业的法律顾问展示出"对欧盟个人隐私数据保护法律严肃性缺乏足够的认识"，这让小马同学大感震惊。于是他决定写一篇专题论文阐述美国公司与欧盟个人数据保护之间的关系，作为交换生项目的家庭作业。为此，他根据欧盟《指令》赋予他的权利，要求脸书欧洲分公司提

图 25.3　马克思·斯雷姆斯

供有关他个人的所有信息。然而，小马同学彻底被激怒了，因为他收到一张有1200页文件的光盘，里面记录了他关注的每一个朋友，拉黑的每一个损友，别人邀请他关注的每一个行为（以及他的回复）、他收到的每一个点赞或鄙视、谁使用他的计算机登录了脸书、他的邮件地址（这个信息他并没有主动提供给脸书，但一定是从他朋友的信息中扒出来的）、他以往所有的聊天信息，甚至包括他删除了的信息。小马同学把脸书获得的他的这些个人信息整理之后，把它们悉数刊登在一个在线网站上，引起了欧美新闻界的轰动。"我仅仅是在脸书上冲了三年浪的普通用户，想想看如果我用了十年……还有那些政治家们，要是他们的对手获得了这些信息又会怎样？"小马同学心有余悸地说道。回到欧洲之后，小马同学立刻组织开展了一场个人隐私保护的运动，并得到了欧洲民众的关注和支持。同时，为了对自己的个人隐私加以彻底的保护，小马同学采取釜底抽薪的做法，在爱尔兰的法院提起诉讼，控告

欧盟专家小组与美国达成的这个《安全港》条约违反欧盟宪法和《指令》。在众多合力作用下[1]，2015年10月，欧盟法院判定《安全港》不再生效。

图 25.4　美国国家安全局总部

　　《安全港》条约主要就是用于欧盟成员国与美国打交道的。虽然条约失效了，但在地球村的信息时代，欧盟与美国之间还是要继续进行个人数据的跨洲流动，怎么办？于是欧盟委员会与美国政府又继续谈判，最后签订了一个新的条约："欧盟—美国隐私保护盾（EU-US Privacy Shield）。"[2] 该条约修改了《安全港》里面存在的缺陷，但欧洲公众关心的三个重要问题并未得到解决，一个是数据删除，一个是海量数据采集，还有一个是新的监督员机制。"隐私保护盾协议在未来面对欧洲法院的法律审查的时候，

1　小马同学还将他收到的个人信息资料与冷战期间东德大名鼎鼎的"史塔西"特务机关关于东德公民个人监控记录报告作了对比。此外，欧盟委员会还就《安全港》协议是否足以提供欧盟公民个人隐私信息保护举行听证会。在该听证会上，欧盟委员会律师在回答如何才能保护个人隐私的时候说："我可能会关闭我个人的脸书账户。"

2　European Data Protection Supervisor, "Privacy Shield: more robust and sustainable solution needed".

还不够完善。"2016年欧盟数据保护监督员这样评论道[1]。尽管仍有不足，但欧盟委员会依然在2016年7月14日通过了《保护盾》协议，并于当日生效。不过，这又成为欧美两地纷争不断的"新战场"。美国总统特朗普当选后签署"强化公共安全"的总统令，将美国本土《隐私保护法》所覆盖的范围仅仅局限于本国公民或合法永久居民。换言之，欧盟成员国的个人隐私信息不再受到美国执法部门的保护。而欧盟委员会也专门就此发表谈话来安定欧盟各成员国的人心："美国的隐私保护法从来就没有给欧洲公民提供隐私信息保护的权利。因此，欧盟与美国经过谈判，决定采取两大途径保护欧盟公民的个人隐私，一个是《保护盾》协议，它并不依赖于美国的《隐私保护法》，还有一个是《保护伞》协议[2]。为了落实该协议，美国国会在2017年还通过了一个配套法律。"[3]

时至今日，欧盟不少人士，包括小马同学依然对《保护盾》计划等欧美双边协议持批评态度，认为欧盟公民的个人信息仍然可能被美国情报部门所掌握。为了进一步加强欧盟成员国的个人信息保护，欧盟委员会开始布局个人信息保护3.0方案，这就是2018年生效的、人称史上最严的欧盟《通用数据保护条例》（*General Data Protection Regulation*，GDPR）。

1　European Data Protection Supervisor, "Privacy Shield: more robust and sustainable solution needed".

2　The EU–US Umbrella Agreement.

3　Muncaster, P., "Trump Order Sparks Privacy Shield Fears", *InfoSecurity Magazine*.

第二十六回　集大成　黄金条例管更严
攀高峰　个人隐私新基线

　　本回是全书关于欧美隐私保护法律法规"巡礼"的最后一回，也是隐私保护框架三驾马车当中"法律"这部分的结尾：这就是欧盟隐私保护法3.0版——《通用数据保护条例》。

图 26.1　GDPR 示意图

　　不知道读者是不是有这种经历，一场"大咖互动"的圆桌会议即将结束，主持人请每一位大咖用一句话来总结他前面滔滔不绝的观点和论断。

　　我们从上篇开始就引入美国人最先发明的隐私保护的法律概念，中篇重点介绍欧洲国家各自的隐私保护法律，下篇介绍欧美等国家联合体的隐私保护法，也覆盖了很多内容。所以，如果现在用一句话来总结当今欧盟隐私保护法律的特点和要点的话，那就是"更严、更细、更精彩"。

　　而这，就是GDPR的特色。

事实上，欧盟从2012年就开始启动新一代个人数据保护法律框架的制定，以替代1995年生效的《数据保护指令》[1]。2018年5月25日获批的GDPR，由于不是"指令"而是法律"条例"，所以立刻在欧盟各成员国以及所谓的"欧洲经济区"（European Economic Area，EEA）[2]境内生效。

图26.2　欧洲宫廷舞

本回准备跳一个"四步舞曲"来总结GDPR。第一步，简要介绍它的整体框架和遵循的原则。这些都是从前面几回"经合组织"的《指南》、欧盟的《指令》一脉相承遗传过来的。第二步，介绍它的一些新的特色。第三步，介绍它在哪些方面要求更细。第四步，阐述它面临哪些挑战。

第一步：GDPR的整体框架。GDPR共有99个条款，分为

1　1995年，网站都还很少，所以《数据保护指令》颁布的时候，不可能预见现在的信息时代有多么丰富。那么GDPR就能预见今后20年的世界对个人隐私保护的法律要求吗？本书最后会做一个展望。

2　即欧盟成员国加上冰岛、卢森堡和挪威三国。英国脱欧之后是否也加入EEA，这是一个值得关注的事情。

11个章节，以及171个解释性说明[1]。这11个章节分别是：①总则（General provisions）；②基本原理（Principles）；③数据主体的权利（Rights of the data subject）；④数据控制者与处理者（Controller and processor）；⑤个人数据传输到第三国或国际组织（Transfers of personal data to third countries or international organisations）；⑥独立监督机构（Independent supervisory authorities）；⑦合作与一致性（Cooperation and consistency）；⑧纠正、责任与处罚（Remedies, liability and penalties）；⑨数据特殊处理的有关规定（Provisions relating to specific processing situations）；⑩授权行为与执行行为（Delegated acts and implementing acts）；⑪结语（Final provisions）。

这些章节的大部分内容，特别是前面五回，本书已经作了较为全面的介绍，例如数据主体的权利、个人隐私保护的基本原理等。下面我们来看看"四步舞曲"的第二步有何新颖之处？当然，本书也只能挑选那些笔者自认为新颖的地方，难免挂一漏万。

与1995年欧盟颁布《指令》时互联网正值蓬勃发展的初期不同，2018年的信息社会已经多彩斑斓。所以GDPR对个人数据的定义也尽量跟随时代的潮流，内涵也越来越丰富。例如在第一条第四款"定义"当中，除了我们已经熟悉的个人姓名、家庭住址、医疗健康数据、银行信息等之外，还新增了"基因数据""生物特征辨识数据"（例如人脸识别数据、指纹数据等能够唯一辨识数

1　参见Official Journal of the European Union, " REGULATION (EU) 2016/679 OF THE EUROPEAN PARLIAMENT AND OF THE COUNCIL of 27 April 2016 on the protection of natural persons with regard to the processing of personal data and on the free movement of such data, and repealing Directive 95/46/EC (General Data Protection Regulation)".

据主体的信息）。此外，"社交网络上晒出的信息、个人计算机的IP地址"这些也可以解释为个人数据。笔者不禁在想，今后随着物联网、人工智能的飞速发展，家里的各种智能设备本身的信息是否也会慢慢纳入个人数据的范畴呢[1]？

此外，GDPR适用的范围一般而言虽然限于欧盟或欧洲经济区范围内，但在某些情况下，也适用于欧盟境外。例如GDPR第三条第二款就明确规定了即使是境外的数据控制者或处理者，"只要向欧盟境内的个人提供服务或销售产品（无论交易或付款地是否在欧盟境内），或者监控欧盟境内人员的行为"，那么也受GDPR管辖。对此，世界各地的云服务商可能会"哀鸿遍地"，例如Google、Facebook等[2]。某些国家的情报机关也会心生不爽，例如NSA等。这里面最有意思的就是"五眼联盟"（由美国、英国、澳大利亚、加拿大和新西兰的情报机构组成）。按照GDPR规定，这个全球大名鼎鼎的情报部门不能在欧盟"开展隐蔽业务"。

图26.3　英国政府通信总局

1　这其实就是隐私保护研究领域提到的"个人隐私保护半径"，或者简单地讲就是"隐私球"的概念。将来人类的"隐私球"肯定会越滚越大。
2　而我国著名企业华为，也特别强调在欧盟提供的服务一定要遵从GDPR。

然而，作为五眼联盟之一的英国，其下属的GCHQ却在欧盟（即使脱欧，也是欧洲大陆的主要国家之一）境内，可以"依法行政"，而英美两国又有密切的情报交换协议，再加上斯诺登事件的前车之鉴，所以今后是否会在欧盟其他国家的国民心目中留下若干疑问或法律纠纷，值得进一步观察。不过在涉及法律纠纷的时候，欧盟境外的第三国如果要向GDPR管辖的数据控制者或处理者索取相关人员的个人数据，GDPR规定可以予以拒绝，除非遵循某种国际共识或者该国与欧盟有司法互助协议。考虑到目前网络空间犯罪的"全球化"趋势，这必将会迫使其他国家在打击犯罪行为的时候与欧盟采取一致步骤，例如是否要考虑与欧盟签署相关司法协议。不得不说这是利用法律规范来获得"欧洲文明话语权"[1]的一种聪明方式。

下面我们再来看看"四步舞曲"的第三步：哪些条款规定更加细致？

首先是关于隐私数据保护的粒度和力度。对此，GDPR要求"数据保护从设计开始就要默认纳入"（Data protection by design and by default）[2]。从概念上来讲，这其实是从网络信息安全领域借鉴过来的东西，我们不是经常要求一个信息系统在规划、设计之初就要把安全防护措施嵌入方案中吗？为了把隐私保护"融入血液"当中，欧盟负责网络安全的机构——欧盟网络安全局（ENISA）专门颁布了一份报告加以解释。

1　这种方式在国际舆论场上就是所谓的"布鲁塞尔效应"。参见Bradford, Anu (2012) The Brussels Effect. Northwestern University Law Review, Vol. 107, No. 1, 2012; Columbia Law and Economics Working Paper No. 533.

2　参见"Privacy and Data Protection by Design-ENISA".

"独立的第三方监督机构"这个概念早在20世纪70年代初就已经在欧洲国家个人隐私信息立法的时候出现了[1]。而GDPR要求每一个成员国都要设立独立的监督部门（Supervisory Authority，SA）[2]来受理公众的申述、负责惩戒措施的管理，并且要求这些SA应该采取"一站式办公"的服务方式。GDPR对各成员国的这类监督机构之间的相互合作也作了具体规定。而整个欧盟层面，也有一个这样的监督部门，即上一回提到的"数据保护专家组"，在GDPR当中升格为"数据保护局"，负责协调各成员国SA之间的事务。

　　此外，GDPR还将SA的概念延伸到一般公共部门，或者那些处理海量数据的机构（想想各种提供云服务的企业吧），要求它们各自设立"数据保护官"（Data Protection Officer）这一职位。这个职位可以从机构内部产生，也可以"外包服务"。但无论怎样，那些在欧盟境内提供数据服务的企业，可能都要为此增加一笔不

图26.4　GDPR 示意图

<hr>

1　例如参见本书中篇瑞典的立法。
2　当然，前面介绍的《指令》也有此要求。

小的开销。GDPR还专门对数据保护官的设立提出了明确要求，包括哪些机构必须强制性地设立该职位、应该赋予数据保护官哪些资源、他有哪些职责和核心任务等[1]。

读者想必还记得上一回提到的20世纪80年代时任法国总统德斯坦那段关于第二次世界大战期间法国身份证的著名讲话，经过多年的积累和凝练，这个概念在GDPR当中进一步演化为个人数据的"删除权"（原来使用的是"遗忘权"这个更煽情的术语）。而且GDPR赋予数据主体很大的"删除权"：数据主体可以要求删除关于他自己的任何数量的个人信息，只要该数据主体的基本权利和自由超过了这些数据控制者或处理者的法律利益。例如在欧洲提供搜索引擎服务的企业，如果上面罗列你的各种个人信息，只要你不爽，就可以要求该企业全部、彻底地删除。而该企业如果不服要上诉，就必须要给前面提到的独立监督机构说明企业本身提供的这项业务为什么在法律上要高于这个数据主体。而这个"删除权"的要求会对当今热火朝天的一项新技术带来严峻挑战。我们将在本回后面加以说明。

在结束这个"四步舞曲"的第三步之前，我们再简要介绍一下GDPR当中细化的一些内容，这些内容涉及大量信息技术，特别是网络安全技术的采用。上面讲到了"隐私保护在设计之初就要成为默认选项"，在欧盟网络安全局的指导性文件当中[2]，对于如何成为默认选项给出了具体实施建议，例如采用加密技术来保护个人隐私数据。由于GDPR是整个欧盟境内广泛采用的法律，

1　Guidelines on Data Protection Officers（'DPOs'），ARTICLE 29 DATA PROTECTION WORKING PARTY.

2　参见Privacy and Data Protection by Design-ENISA.

因此人们可以想象的是，这背后又牵涉有关加密技术的国际标准的激烈争夺（以及新的产业培养）。而广泛采用加密技术等当代信息安全技术来保护个人隐私，在GDPR当中是一个非常显著的特点。例如GDPR要求在进行个人信息存储与处理过程中，要采用"伪名"技术（Pseudonymisation）或"匿名"技术。而支撑所谓伪名/匿名技术的解决方案之一就是加密技术。为此，欧洲网络安全局还具体给出了如何进行密钥管理的建议。当读到这些内容的时候，读者是不是回想起了本书上篇谈到的贝尔实验室的香农大叔、斯坦福大学的师徒情、麻省理工学院的三个火枪手？

图 26.5　区块链示意图

下面我们完成这个"四步舞曲"的最后一步：GDPR面临的各种挑战。事实上，作为全球史上最严厉的个人隐私数据保护法律，欧盟GDPR的出台，无论是给各国的司法实践还是技术发展都带来了很多挑战（以及机遇）。由于篇幅和定位，本书作为科普读物无法在这里一一阐述，仅仅是管中窥豹略为涉及。举例而言，在目前"人人言谈必称区块链"的时代，区块链最引人注目的技术特征"不可更改性""溯源性"等，读者觉得有什么不妥吗？是的，这些技术特征与欧盟个人隐私保护法律的基本理念是直接对冲、相悖的！笔者甚至在设想，现在市场上某些激动人心的区块链应用项目会不会在欧盟触礁，"偷鸡不成蚀把米"，风险投资还没有圈到，反而面临高额的罚款呢？要知道GDPR规定的处罚金额甚至会高达上千万欧元，或者公司年营业额的2%（取最高值）！所以要在欧盟开展业务的区块链企业，不妨在实施之前认真进行一番风险分析，看看会不会触犯这个GDPR，或者是否采取了足够的安全保护措施。此外，"数据访问权"是GDPR赋予数据主体的一项基本权利。但在具体操作过程当中，却有可能陷入一个逻辑怪圈。举例而言，GDPR规定数据主体有权将自己的个人数据从一个电子设备传送到另外一个电子设备或在线服务当中（例如将手机上的照片下载下来），并且在这个过程当中，数据采集者或控制者不应进行阻碍。如果这些个人数据都采用了"伪名/匿名化"技术，那么提供这种服务的企业可能不会触犯GDPR。但有些数据又必须具有一定的"个人标识"才能进行数据迁移。考虑这样的场景：人们不是将手机上的照片下载并存储到自己的U盘当中，而是传送到自己的脸书账户上去。在这个过程当中服务商必须提供"关联个人信息"的方式。这又会触及GDPR吗？

不过，比起上面说的由于技术实施方案而可能引发的法律纠纷而言，GDPR面临的最大冲击可能来自各个提供信息服务的企业。80%的受访企业认为它们为了符合GDPR的规定，要额外投入的资金超过10万美元，总体代价甚至超过400亿欧元[1]。

不过任何事物都具有两面性。史上最严GDPR的出台，难道不会又创造新的商机吗？欧盟说GDPR是"黄金标准"。事实上，GDPR更是一座高品位的"金矿"，而且现在才是"金山一角"：仅

---

1 参见 "Europe's new privacy rules are no silver bullet". Politico.eu. 22 April 2018.

仅是上面提到的各种"伪名"技术要求，就可能给全球很多网络安全高科技企业带来新的机遇，以及源源不断的订单。而那些动辄采用"爬虫"技术（Phishing scams）去采集网上信息的企业，是不是应该找到新的技术，既满足信息采集需求，又符合GDPR的规定？又如GDPR第33条要求，涉及个人信息处理的机构，软件必须是安全的。而这将给从事软件漏洞挖掘、修补的企业提供多少商机？有资料显示，这涉及全球大约25％的软件！[1]别忘了，在全球变成一个"信息地球村"的时代，你能保证你的企业不涉及欧洲的业务吗？而且你能保证你计算机上运行的软件一点漏洞都没有吗？

图 26.6 网站"钓鱼"攻击

此外值得强调的是，GDPR无论对于那些依托互联网从事C2B还是B2B业务的企业并非一味管制，只要这些企业能够说明其开展业务的法律意义的重要性。所以人们可以预见，世界各国，特别是信息化发达的国家或地区，很快又会催生一批既了解现代信息安全技术，又熟悉GDPR繁文缛节内容的多面手律师团队为各大企业服务。

<hr />

1 参见 GDPR实施电子书，例如"What Percentage of Your Software Vulnerabilities Have GDPR Implications？"（PDF). HackerOne. 16 January 2018.

GDPR颁布实施后，总体而言，世界各国的评价比较积极。而从事"个人隐私保护"的活动家对此更是大加赞扬，甚至立即采取行动。例如上一回提到的奥地利的小马同学，在GDPR生效的当天凌晨，他就联合一帮志同道合者把谷歌、WhatsApp、Instagram[1]等告上了欧洲法院。让人感到意外的是，被小马同学弄得灰头土脸的脸书老总马克·扎克伯格（Mark Zuckerberg）对GDPR赞许有加。此外，包括全球大名鼎鼎的"自由软件联盟"GNU创始人理查德·斯托曼（Richard Stallman）等也对GDPR颇为赞赏。

图 26.7　马克·扎克伯格

当前，GDPR的影响已经快速地跨越了欧洲国境[2]。在全球IT产业的圣地——美国加州2018年也通过了一个类似的法律——《加利福尼亚消费者隐私保护法》（*California Consumer Privacy Act*）。要知道作为联邦制国家，美国政府只管军事、政治、外交等"大事情"，而在涉及民生事务的"小事情"方面，各级州

1　这些都是西方常用的社交软件，类似于我国的微信。
2　另外一个需要关注的是，英国脱欧之后如何实施GDPR。

图 26.8　理查德·斯托曼

政府有绝对的话语权。因此，世界各国那些要与美国加利福尼亚州做"数字业务"的企业也应高度关注。笔者在2018年6月赴以色列参加著名的"网络周"（Cyber Week）[1]活动的时候，发现对GDPR的解读也成了世界各国专家最热门的话题。

最后，作为本回的结束，我们一起来看看世界各国网民对GDPR的调侃。有人声称，按照GDPR的要求，首先应该抓起来的是那位可爱的白胡子爷爷——圣诞老人。因为他每年圣诞夜都带着一大堆小朋友梦想的礼物悄悄溜到壁炉里，给孩子们带来惊喜。这绝对是侵犯个人隐私啊！又有人说，西方著名的科幻电影《星球大战》（这也是笔者最喜爱的电影之一）就违背了GDPR，因为它一开始就说"很久很久以前，那里有一个星系，有一支反抗帝国军队的起义军"。什么很久很久以前？这些起义军的历史数据早就超出了保存期，为什么不删除？等着让帝国暴风兵来抓

1　以色列政府和世界知名企业联合举办的全球性IT产业与网络安全年会。

图 26.9 重庆大学CPS实验室

吗？要是按照这种欢乐搞笑的解释，咱们中国神话传说当中的阎王爷绝对不敢去欧洲开展业务，因为他的生死簿上涉及的个人隐私太多了。

列位看官，尽管今后我们还会不断从新闻上看到涉及欧美个人隐私信息的各种报道，但本书关于这些法律的概要介绍就告一段落了。下面我们将介绍近年来隐私保护工程当中的第二架马车——现代隐私保护技术。你们会发现，本书中篇提到的"江湖恩怨"即将做一个了断。而这些核心技术，正在成为隐私保护的核心模块。

第二十七回　数字化　邮件安全谁监管
软件侠　最棒隐私美名传

从技术家谱或血缘关系的角度来讲，现代隐私保护技术[1]是网络安全技术的一个分支，特别是与网络安全当中保护信息"机密性"的技术一脉相承。由于仅仅是介绍隐私保护技术就可以洋洋洒洒地写上几大卷，因此，作为一本科普读物，本书在接下来的两回中只能简要介绍隐私保护技术的两大主要流派，以及所涉及的核心关键技术。但愿读者不要看到"核心关键技术"这样的字眼就心生畏惧。其实作为一个普通人，如果我们不去纠结"隐私权"的法律含义[2]，仅仅从保护个人隐私信息的直觉这个角度来讲，您会想到用什么方法呢？沉默三秒后，估计您会说：要不，咱用加密技术试试？Bingo！恭喜您又一次答对了！这也是本书前面介绍现代密码学技术发展简史的本意所在。1981年，美国一位名叫大卫·查姆（David Chaum）的学者发表了一篇专门探讨现代隐私技术的文章，名称就是《无法追踪的电子邮件、返回地址及数字匿名》[3]。人们普遍将其当作现代隐私保护技术的开篇

1　所谓现代隐私保护技术指的是自从有了计算机和互联网之后的隐私保护技术。

2　参见本书上篇对隐私权的介绍。

3　Chaum, David (1981). "Untraceable Electronic Mail, Return Addresses, and Digital Pseudonyms". Communications of the ACM. 24 (2): 84–90.

之作。而这位大卫先生的主业其实就是密码学。他也是电子货币（echash）[1] 这一概念的发明者和全球最大的"国际密码学研究协会"（International Association for Cryptologic Research，IACR）的创始人。

在互联网时代，人们逐步发展起来的隐私保护技术大致上可以分为两大流派 [2]，一个是所谓的"匿名通信技术"（anonymous communications），另外一个是"身份管理技术"（identity management）。笔者在这里事先需要郑重声明的一点是，技术本身是中立的，看掌握在谁的手里。隐私保护技术如果用在保护合法公民的个人隐私身上，就能发挥积极作用，而同样的技术也可能被滥用于网络空间的犯罪活动，例如近年来猖狂一时的"我想哭"（WannaCry）计算机病毒，就是利用加密技术（RSA等）来恶意封存用户的个人数据并进行金钱勒索 [3]，让苦主欲哭无泪。因此各国立法机关对这些犯罪活动也高度关注。而各国的立法机构

图 27.1 "我想哭"计算机病毒

---

1 从电子货币这个概念就能看出密码学扮演的关键角色。
2 当然，还有其他的分类方式。不过目前很多隐私保护技术归根到底都与这两类有关。
3 这一款计算机病毒在利用现代加密技术方面是影响最为恶劣的病毒。英美等国情报部门都是始作俑者的怀疑对象。可参见 Thomas P. Bossert (18 December 2017). The Wall Street Journal.

所拥有的技术打击能力，也足以威慑心存侥幸的犯罪分子。

下面我们作为合法公民来谈谈国外技术专家研发的"匿名通信技术"。

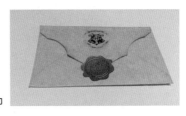

图 27.2　古代红烛封印

在欧美的文化传统当中，私人邮件是个人隐私保护的重点对象。例如喜欢看魔幻电影的读者可能还记得"哈利·波特"系列里面用红烛封印私人信函的场面[1]。而这个封印的动作，在技术控大叔眼里，其实就是对邮件进行加密。然而，在现代互联网通信过程当中，如何对电子邮件进行"红烛封印"呢？总不能让每一

图 27.3　菲利普·齐默曼

1　近代欧美私人信函的封印一般会采用家族徽章的印记。

个普通民众都先去学习一番加密技术之后，再来发邮件吧？于是，全球那些"平时闲着没事儿干的"[1]软件工程师们就闪亮登场倾情奉献了。

菲利普·齐默曼（Philip Zimmermann）就是这样一位代表性人物。20世纪70年代末80年代初，小齐同学也是一位热血青年。当时的国际形势与现在山姆大叔咄咄逼人、伊万大叔步步退让正好相反。真是三十年河东三十年河西啊！那个时候，苏联的国力，特别是军事实力处于世界巅峰状态，当时国际政治游戏流行的可是"苏攻美守"。最具爆炸性的事件就是1979年苏联出兵占领了中亚战略要地阿富汗[2]，所以美苏两个超级大国剑拔弩张，如同西部牛仔片，两个枪手互不相让，手都放到了枪套上。不少美国老百姓害怕第三次世界大战一触即发[3]，因此"反核示威"一

图27.4　西方民众抗议核武器试验

1　例如自由软件开源联盟GNU的成员们。
2　参见美国前国务卿、著名国际战略研究学者布热津斯基的论著《大棋局》。
3　与过惯了舒服日子的美国人相比，那个时候的中国老百姓一点不担忧世界大战的爆发，因为我们刚刚打开国门，外面的世界真精彩，全国上下一心一意奔小康。

浪高过一浪。而小齐同学当年也少不了和其他戴着太阳镜、穿着喇叭裤、扛着双卡录音机的人群一起，去新墨西哥州沙漠[1]的铁丝网外面扎帐篷、喊口号、跳摇滚、啃干粮。

当然，热爱和平的青年们担忧的世界大战并没有爆发[2]，而苏联以军工及重工业产业为龙头的经济发展模式逐渐走向末路，国力渐渐不支，以美国为代表的西方国家却开始进入信息技术发展的高峰期，个人计算机和微软等一大批IT新贵在20世纪八九十年代异军突起，小齐同学的生活也渐渐归于平静。作为计算机专业的毕业生，他少不了也搭上了信息产业的顺风车，一边埋头拉车在软件公司当苦命码农，一边仰望星空，发挥自己的专长把对人类终极命运的关怀转化成了个人隐私保护的实际行动。1991年，尽管整个世界依然风云跌宕[3]，但小齐同学早已"看惯秋月春风"，专心致志地研发出了一款名为"棒极了的隐私保护"（Pretty Good Privacy, PGP）[4]软件包。这款PGP软件应用领域很多，例如文件的加密存储保护、文件的数字签名等，但最重要的应用领域却是电子邮件隐私保护，这也是世界上首款成功实现电子邮件隐私保护的工具。通俗地讲，就是让全世界的爱丽丝与巴伯在利用计算机网络进行鸿雁传书的时候，能够保护自己的隐私不被别

1　美国主要的核武器试验场。

2　那段时间咱们中国人正好是开始改革开放的时候，所以我们利用美苏争夺全球霸权的大好时机埋头闷声搞建设。

3　例如联军击败伊拉克解放科威特、苏联解体、邓小平即将踏上视察南方之路推动中国进入新一轮改革开放。

4　国内一般把它翻译成《优良保密协议》，过于学究化，貌似没有反映出小齐同学张扬的个性。因此作为一本科普读物，我们采用了带有这种美音腔调的译法。不过本质上PGP确实是一款计算机保密通信协议（OpenPGP）。

人窥窃。怎么保护呢? 加密呗! 作为软件工程师而非密码学家[1], 小齐同学需要做的事情就是把当时世界上最先进的密码算法编写成代码, 使人们在发电子邮件的时候, 可以保护邮件内容本身不被别人窥探[2]。PGP软件实现这个邮件保密的原理非常简单明快。我们还是按照惯例请出爱丽丝和巴伯这一对大众恋人吧。他们俩只需跳个"三步舞曲"就可以完成相互之间的电子邮件隐私保密通信。

第一步: 爱丽丝写好了一封给巴伯的电子邮件, 然后她利用PGP软件自带的加密功能, 例如3DES对邮件内容打包加密。这是一款在IBM华生实验室研发的DES加密算法基础上扩充了的加密技术[3], 与DES算法唯一不同之处就是增加了密钥长度, 以防止被计算机进行密钥"暴力猜测式"的破解。3DES的密钥长度理论上可以达到168位, 换句话讲, 按照"0"或"1"的二进制编码组合的数字总数是2^{168}! 因此, 即使使用全球最强大的电子

图 27.5   爱丽丝与巴伯分享密钥

---

1   小齐同学也是一位密码技术爱好者。PGP软件的最初版本就是他自己设计的一款加密软件。但为了让全球用户放心, 最后还是采用了国际通用的加密算法。
2   当然, 这需要下载PGP软件包, 并在这个软件平台上收发电子邮件。
3   还记得本书中篇里面谈到的迪菲去华生实验室交流密钥分发的典故吗?

计算机从150亿年前宇宙诞生之时开始算起，直到现在也还没有猜完！真正称得上"任你揣摩得地老天荒、海枯石烂也没开张"。所以爱丽丝和巴伯大可放心自己的邮件隐私安全[1]。

那么爱丽丝对邮件内容进行加密之后发给巴伯就万事大吉了吗？细心的读者可能会想到，巴伯怎么才能打开这封加密邮件呢？说对了，他需要和爱丽丝共享同一把加密、解密的密钥才行！理论上讲，爱丽丝和巴伯可以采用本书中篇提到的迪菲和赫尔曼师徒俩那种"公开密钥协商"的方式来完成这个工作，但小齐同学采用更加简单粗暴的方式，特别是在其早期版本，PGP直接使用RSA公钥加密算法来完成这把3DES加密算法密钥的传递！这就是爱丽丝需要采取的第二步：用巴伯的公钥[2]来加密3DES的密钥！读者一定还会记得RSA公钥加密算法的最大魔力就是一旦采用巴伯的公钥进行加密，只有巴伯的私钥才能解密。而这把私钥是牢牢掌握在巴伯一个人手里的（连爱丽丝都不知道巴伯的私钥！）。所以，第三步，爱丽丝把加密了的邮件内容，与加密了的3DES密钥"捆绑"在一起，大大方方地通过互联网发送给巴伯。后者收到这两个加密包之后，先用自己的私钥解开"3DES密钥"，取出爱丽丝用的加密密钥，然后再用它来解密邮件内容。怎么样？个人电子邮件隐私保护，妥妥的。需要指出的是，一旦使用PGP软件，以上流程均由这个软件自动为用户完成，无须爱

1　当然，如果使用目前方兴未艾但远远尚未成熟的量子计算机是否会给我们带来意外的"惊喜"，本书结尾的时候会简要描述。

2　在PGP软件当中，公钥的获取也有多种方式，甚至可以采用朋友之间相互交换名片的方式。所以人们调侃道，与其在名片上印一大堆老总、董事长或国学大师的头衔，还不如印上你个人的公钥标签更加时髦，例如C3A6 5E46 7B54 77DF 3C4C 9790 4D22 B3CA 5B32 FF66。

丽丝和巴伯真正动手去加密、解密什么的，他们通信的时候与正常发邮件没有任何区别。与现在其他集中式管理的电子邮件保护技术不同，PGP的研发理念是基于"朋友圈"进行点对点邮件通信的。有兴趣的读者可以访问PGP的官网下载这个免费软件来试试。

图27.6　美国联邦调查局特工办案现场

承载中国足球梦想的"铿锵玫瑰"，人们赞美她们是"不经历风雨哪能见彩虹"。PGP的命运与此也有点类似。当年小齐同学怀着理想主义的热情独自开发了这一套电子邮件隐私保护软件系统。但随后就被美国联邦政府起诉，说他违反了美国《出口管制法》！我们一起来脑补一下这样的场景：1993年2月的某一天，和其他"996"的软件码农一样，小齐同学正在公司加班，突然来了一帮穿着黑风衣，戴着墨镜和黑帽子的人，向他出示了FBI的证件之后告诉他："美国联邦政府正式控告你，你有权保持沉默，否则你说的每一句话都会成为法庭呈供云云。"这，又是什么原因呢？

因为吸取了第二次世界大战中德国Enigma密码被盟军破译的惨痛教训，美国政府历来把密码技术视为和"战略武器"一样重要而严加监管。凡是密钥长度超过40位（也就是说2^{40}）的密码算法都严禁出口[1]。而小齐同学在PGP软件里面采用了多种加密算法，仅仅是3DES一款，密钥长度就高达168位。Come on baby！你这简直是在调戏美国政府、挑战联邦法律啊！更加雪上加霜的是，RSA公司也以盗窃知识产权罪把小齐同学告上了法庭，因为当时RSA算法的专利尚未过期。这两款罪名一旦坐实，可以想象小齐同学的余生一定是在联邦重罪监狱里面度过。但读者当然可以想到，既然现在人人都可以免费下载PGP，小齐同学最后一定安然无事。那么小齐同学是如何"死里逃生"的呢？说来也蛮有趣。有人曾说，如果小齐同学当初把他的PGP软件刻成光盘或者软盘寄给国外的朋友，那谁也救不了他！只能乖乖地去吃牢饭。为什么呢？因为他把实物性的"管控物资"出口到了国外！但别忘了小齐同学作为一名互联网时代的软件工程师，他压根就没想到用这种传统的方法来传播他的软件（当然他也没想和政府部门斗智斗勇），而是把他编写的PGP软件直接上传到互联网上进行"免费"传播，例如放到BBS论坛上。这是一种什么精神？这是自由软件者的革命情怀啊！这样一来，全球的软件爱好者都可以免费下载、试用，并参与到后续的完善当中。而令美国政府哭笑不得的是，在《出口管制法》中被监管的物品指的是实物，例如飞机导弹什么的，还从来没有遇到过通过互联网传输和传播软件代码的先例。接下来小齐同学的官司就成了"全球瞩目"的公共事件：得知小齐同学因为保护人们的通信隐私权而被告上了联邦法庭，散布在全球，特别是欧美各地的软件爱好者与隐私保护者们发起了浩浩荡荡的声援活动，同时也更进一步促进了PGP

1　这其实就代表着美国政府当时能够用计算机比较容易进行暴力破解的上限。

软件的全球传播。与此同时，麻省理工学院的师生，包括RSA算法的发明者"三剑客"也加入声援的队伍，由于没有案例参照[1]，又遭到广泛的反对，最后美国联邦政府对小齐同学的指控也就不了了之。经此一役，小齐同学自然是名声大噪，后来他又成立了多家公司，继续研发各种网络安全技术，在尽到保护人类隐私的义务的同时，也顺便改善一下自己的生活，这是后话不提。而美国政府也吃一堑长一智，在后续的密码技术出口管制当中，放宽了不少关于密钥长度的限制，现在各种密钥长度为256位的国际商用加密算法也不再纳入管制之列。不仅如此，美国政府还进一步转换思路，采用嵌入和引导国际密码标准的方式来加大美国的软实力与网络空间安全的话语权，可惜这是另外一个话题，限于篇幅，本书只好再次忍痛割爱。

以上是民间人士路人甲与美国政府在通信隐私保护领域交手过招并大获全胜的故事。而下面一回则是美国政府研发的隐蔽通信工具流传到民间，并被普罗大众用于隐私保护的另外一个典故。看来作为信息技术的霸主，美国政府也经常伤得不轻啊[2]。

---

[1] 美国是案例法国家。

[2] 当然，也有阴谋论者说这是美国政府故意放出来的。但无论如何，技术本身是中立的，本书在这里介绍的所有信息与网络安全技术仅仅是告诉读者在网络空间当中存在这些可以用于隐私保护的技术原理。具体的隐私保护工具是否是在合法的条件下使用，则要看各国法律法规的界定。对此，笔者再次提醒读者应当依法办事。

第二十八回　民学军　洋葱路由打乱战
组联盟　身份管理一招鲜

上一回介绍的PGP电子邮件保护技术，从隐私保护技术分类来讲，大体上可以归为"保密通信"的一种，但主要是隐藏通信的内容。本回首先介绍更为名副其实的匿名通信技术——Tor项目，而且非常有趣的是，这个技术最早是由美国海军实验室和DARPA领衔研发，并由美英两国的"线上007"——美国国家安全局和英国政府通信总局的特工人员用于在线保密通信的，是一个典型的"军转民"项目。而2013年美国国家安全局前雇员斯诺登就是使用Tor网络向外界发送了"棱镜门"等劲爆话题[1]，从而让世人第一次实际感受到美国情报机构对各国国家安全和公民隐

图 28.1　斯诺登漫画

1　参见Gaertner, Joachim (1 July 2013). "Darknet – Netz ohne Kontrolle". Das Erste (in German). Archived from the original on 4 July 2013.

私保护所带来的巨大威胁。

　　Tor的核心技术是所谓的"洋葱"路由（Onion routing）。这个技术的主要目的是保护网络通信过程当中数据包转发节点的信息，即通过层层叠加的加密技术来隐藏数据包沿途经过的节点的IP地址，从而达到"匿名通信"的目的。这也是斯诺登选择Tor来揭开NSA的黑幕的原因。如果读者对计算机通信网络及通信协议不熟悉，我们可以打个简单的比方：把全球互联网设想成一条巨大无比的铁路线。而我们平时上网的所有活动其实都是通过一个又一个由"0"或者"1"组成的数据串编组形成的列车车厢，并在这个广袤的铁路线上来来回回奔跑（当然，速度远远比最快的高铁要高许多倍）。而Tor技术就是让这些数据车厢每抵达一个中转站的时候，只让扳道工知道下一个中转站是什么，既不让他知道这列数据列车的始发站是什么，也不让他知道终点站是什么。而要这么做，就是对沿途的站点一层一层地进行加解密，就像俄罗斯套娃一样，或者说，像剥洋葱一样。由于前面已经介绍了很多密码学的科普知识，所以这里仅仅简单介绍一下怎么剥这个"数据洋葱"。假设我们这趟数据列车沿途要经过A、B、C三个中转站，那么铁路局首先将始发站，A、B、C三个中转站和终点站一共五个站点的加密公钥发布在列表上。接下来就一层层地进行加解密传递信息，其过程与上一回说的爱丽丝与巴伯跳三步舞曲非常类似。在上面层层包裹的洋葱图案当中，最外层是第一个中转站A（Router A）。所以始发站就用A的公钥进行加密。加密的内容是什么呢？是蓝色车厢所包裹的整个数据包。等数据列车抵达A站之后，A用自己的私钥打开车厢（也就是剥开最外层的洋葱），从而获知这列火车的下一站是B（但它不知道C以及最终的目的地）。于是A就用B的公钥进行加密，然后再把数据包送到B站。B进行同样的操作。要注意B解密后只知道这列数据火车来自A站，以及下一站是C。等到了洋葱的最里面一层抵达目的地后，终点站用自己的私钥解密，就能取出最原始的数据车厢，包括它从哪儿来（源IP地址），最终到哪里去（终点IP地址），以及通信的内容本身。因此，采用这种优雅的"洋葱"路由的方式[1]，确保了沿途的路由器无法获得数据包的其他站点信息，以及数据包本身传递的内容。

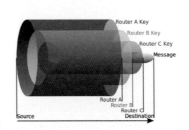

图28.3 "洋葱"路由加密原理

目前Tor是一个广泛使用的隐私保护免费软件。如果读者很好奇或者担心这款具有很强大的"军用"加密功能的软件会被居

---

1 这也是所谓确保了"前向安全"（perfect forward security）。

心叵测的犯罪分子用来进行网络空间的非法活动，那么，答案是：曾经确实是这样。2012年英国著名的《经济学人》[1]就刊登了一篇文章，把Tor与比特币、"丝路"[2]并列为"网络空间黑暗的角落"。2013年，英国《卫报》也刊登了一篇文章，介绍美国国家安全局和英国政府通信总局如何联手利用Tor的漏洞来监控使用这个软件的全球用户（不知道这是不是美国政府部门把这款软件"军转民用"的原因之一）。联合国一个专家工作组在2015年5月也专门提到美国政府要求Tor开发组织在其加密模块里面留下后门，以便该国立法机构能够自由进入。换句话说，一旦有人想把这款软件用于非法活动，美国执法部门其实是有办法"掌控一切"的。当然，作为一款著名的隐私保护软件，自由软件联盟也非常欢迎全球的软件工程师、安全工程师不断给Tor找漏洞，从而不断提升该软件本身的安全性。而Tor本身的高安全性特点，也激发了世界各国研究者的浓厚兴趣并把挖掘Tor的脆弱性当作一种挑战，人们针对Tor的安全隐患也在不断获得新的研究成果。限于篇幅，本书在这里不再展开。

如果说前面介绍的PGP或Tor技术主要通过隐匿个人的通信内容或通信痕迹，从而达到隐私保护的目的的话，那么接下来要介绍的隐私保护另一个主要技术流派则是从"藏匿"变为"控制"，即我们在本书上篇所介绍的现代隐私保护理论——个人对自身隐私信息施加有效控制权[3]，也就是所谓的"身份管理"。

互联网身份管理技术最早可以追溯到微软公司的"护照"项

---

1 参见 Bitcoin: Monetarists Anonymous. The Economist. 29 September，2012.
2 一款网络空间的"黑市软件"。
3 参见本书上篇。

图 28.4　清朝护照

目，其本质是希望实现用户无论身在何处、使用什么样的信息系统都能够进行"一键登录"式的身份管理。微软的工程师们估计是希望寓意现实社会当中，手持一本护照就可以走遍天涯的境界吧。然而微软公司启动这个项目仅仅希望便于用户的身份管理，对用户个人身份隐私信息却没有给予重视，所以该项目遭到一位名叫金·卡梅隆（Kim Cameron）的加拿大计算机专家的强烈抨击，这是一位长期关注网络身份隐私法律保护的学者[1]。微软的应对方式也很干脆，你批评我违背有关身份保护的法律条款是吧？好的，我就雇用你来作为微软公司身份管理系统的首席架构师，统一负责对该公司有关身份管理的软件系统进行法律合规性设计。微软的这种身份管理的理念很快被整个IT界接受，因为它既满足了互联网时代信息交互高效性需求，又能把披露多少个人隐私信息的控制权掌握在自己手中。目前最为著名的身份管理软件

1　参见Cameron, Kim (May 2005). "The Laws of Identity". Microsoft.

系统之一是开源软件"自由联盟"（Liberty Alliance）[1]，有超过150家的各类企业、教育部门和政府机构加入这个联盟。该联盟又衍生出若干组织、框架和技术产品，包括：

"身份联邦"组织（Identity Federation）。参加该组织的各个机构承诺使用他们的产品，各类互联网用户或电子商务应用部门一键式登录之后就可以互联互通，而无须进行多次身份认证（从而避免了多方掌握个人身份信息，增大隐私泄露风险）。

图 28.5 "魔镜魔镜，告诉我谁更漂亮？"

自由联盟还推出了"身份web服务"框架[2]，致力于基于web服务的身份管理，例如地址定位、博客、个人照片分享等都可以采用这种框架来保护自己的隐私。

"身份治理框架"（Identity Governance Framework）。这个框架是由自由联盟的积极分子甲骨文公司推出的，其主要目的是定义与用户身份相关的信息如何使用、存储和传输。

1　Industry Leaders Release Details Of Anticipated Liberty Alliance-Enabled Products (Press release). Liberty Alliance. July 15, 2002.

2　参见Liberty Alliance Interoperability Programme for ID-WSF-1.1, 2005.

"身份保障框架"（Identity Assurance Framework）。自由联盟从2008年开始设计所谓的身份保障框架。该框架包括四个不同的身份保障层次，使之用于具有可信身份的企业、社交网络，以及web服务。而在每一层上，该框架都结合身份保障的规则制定了如何进行安全风险分析等内容。而每一层的身份保障措施都通过一系列严格的验证过程来检验和管理。由于其层次感分明，身份保障框架被美国国家标准局纳入了著名的《电子认证指南》（NIST SP 800-63）标准，并在英国、加拿大和美国得以采用。

至此，本书挂一漏万，简要介绍了现代隐私保护技术的两个主要流派，一个是网络通信保密/匿名通信技术，一个是身份管理技术。它们都基于现代网络信息安全的基石——密码技术。这也是隐私保护领域最为传统和成熟的技术流派。事实上，在隐私保护技术领域，还有很多非常活跃的领域或技术划分方法，例如所谓的隐私增强技术（Privacy Enhancing Technologies，PET），用于抵抗大数据挖掘的隐私差分分析技术（Differential Privacy），特别是近年来非常活跃的"反社交网络分析"技术，主要用于防止个人物理位置信息定位的大数据分析等[1]。

更为有趣的是当前正在发展的隐私保护技术的一些新理念。例如人们不再仅仅把个人隐私保护当作"隐私权"来对待，而是将其作为一个"公共产品"（public good）来开发[2]。这是欧洲人

1　参见Michael Hay, Gerome Miklau, David Jensen, Don Towsley, and Philipp Weis. Resisting structural re-identication in anonymized social net-resisting structural re-identication in anonymized social networks. In VLDB, 2008.
2　参见Mireille Hildebrandt. Proling and the identity of the european citizen. In Mireille Hildebrandt and Serge Gutwirth, editors, Proling the European Citizen: Cross Disciplinary Perspectives. Springer Science and Business Media B. V., 2008.

图 28.6　隐私保护领域的博弈永无止境

在结合公民权的理念来进一步建立隐私保护技术框架。

在西方民间传说当中，"银弹"（silver bullet）是唯一能够对付狼人、女巫等一切妖魔鬼怪的撒手锏。然而神话终归是神话，在现实生活中，人们能够找到的一揽子解决各种尖锐矛盾或困难的银弹实在是少之又少。也许，青霉素算是其中之一吧。而在当代错综复杂的隐私挑战面前，"任何一样隐私保护技术都不是神奇的银弹"[1]。只有把这些针对隐私保护不同层次挑战的技术集成起来，形成整体合力，才能够在互联网时代为个人隐私信息提供统一的保护伞。这个保护伞，就是下一回将要介绍的个人信息保护框架三驾马车当中的最后一个：标准规范。

1　参见George Danezis Seda Gursesy: A critical review of 10 years of Privacy Technology August 12, 2010.

第二十九回　定标准　山姆大叔再当先
　　　　　　量隐私　人类社会算风险

　　"没有规矩，不成方圆。"世界上最早注意到标准规范重要作用的应该是我国的秦王朝。秦始皇统一六国之后，推行"书同文，车同轨"，以至于今天的中国人之间即使无法听懂对方在说什么[1]，但却都能认识"极为复杂"的方块字，从而成为传承中华文化的主要纽带。

图 29.1　泥版活字印刷

　　近代工业革命的发源地英国，则是从1901年才开始设立英国标准研究院（British Standards Institution，BSI）来统领全

图 29.2　塞缪尔·韦斯利·斯特拉顿

国的标准制定。而在同一年，大西洋彼岸的北美大陆，时任总统老罗斯福先生大笔一挥，也成立了美国国家标准局（National Bureau of Standards），首任主任是塞缪尔·韦斯利·斯特拉顿（Samuel Wesley Stratton）博士[1]。1988年该局改名为美国国家标准技术研究院（National Institute of Standards and Technology，NIST）[2]。

　　美国国家标准局开始大规模制定信息技术领域的国家标准是从第二次世界大战开始的。当时大量军用电子技术要转化成大规模工业化生产，就需要统一的工业标准。而在当今信息化时代，NIST下属的"计算机安全部"（Computer Security Division，CSD）负责制定全美计算机网络与安全领域的国家标准。与本书密切相关的首个NIST标准，就是前面提到的源于IBM华生实验室研发的"数据加密标准"（Data Encryption Standard，DES[3]）。由于美国是计算机和互联网的发源地，所以NIST在信息技术以

<hr />

1　塞缪尔·韦斯利·斯特拉顿博士在美国国家标准局局长的位置上工作了23年，卸任后成为MIT第八任校长。1901年刚成立的时候，美国国家标准局的年预算为4万美元。而更名为NIST后2019年的预算已经增加了近3万倍，达到11亿美元。
2　在美国联邦政府行政管理体系当中，NIST隶属于美国商务部。
3　1977年成为美国国家标准。由于美国在计算机安全领域的超强地位，因此DES也成为第一代国际商用密码标准。

及网络安全领域所制定的国家标准，也成为世界各国标准化机构在制定相关标准时参照的主要对象。但需要指出的是，一味照搬他国标准，往往是"形似神不似"，甚至成为"东施效颦"。笔者认为更应该学习的是NIST在制标过程当中的顶层设计思想与制标方法。不过这是一个过于严肃的话题，本书不准备在这里展开讨论。

在NIST制定的庞大的计算机网络安全标准系列当中，"隐私"这个词并不鲜见，例如计算机网络安全最著名的标准之一就是NIST SP 800-53《联邦信息系统与组织机构安全与隐私控制》(*Security and Privacy Controls for Federal Information Systems and Organizations*)。对于不熟悉美国计算机安全标准的读者而言，只需了解这样一个纲举目张的关键词即可：控制（control）。美国人是从控制的理念出发来构建计算机网络安全和隐私保护的标准框架的。此外，NIST在2017年还出台了系列大数据标准框架。在这洋洋洒洒七卷套的框架当中[1]，"安全"与"隐私"这一对术语更是像双胞胎一样形影不离。

然而，在计算机网络安全领域，长期以来，"安全"与"隐私"二者之间的关系其实并没有梳理得非常清晰。一直关注NIST标准制定的美国隐私保护评论员卢卡斯·奥莱尼克（Lukasz Olejnik）2017年就在其博客中指出："NIST终于开始体认到，安全与隐私并非同一件事情。"真是一语点醒梦中人！

而笔者认为，NIST从标准框架的角度、从工程实施的角度对"安全"和"隐私"的概念辨识才是这个著名的标准研究机构在

---

[1]　NIST SP 1500系列。

图 29.3　希腊神话人物西西弗斯

信息时代对个人隐私保护的最大贡献。

　　NIST认为[1]，信息时代的安全问题源于"不可信/非授权的系统本身的行为"。互联网就是一个庞大而不可信的复杂开放巨系统，安全领域的人士奋斗终生的目标就是在这个不可信的环境里面建立可信的安全机制[2]。当然这个过程是永无止境的，就如同古希腊神话当中那位永不言败的国王西西弗斯（Sisyphus）[3]一样。

　　而个人隐私问题不仅来自针对个人信息的非法窃取，甚至可能源自"获得授权的机构在处理个人信息的过程当中产生的意外结果"。当然，正因为信息技术的不断发展，个人隐私保护的需求

1　参见NIST Information security and privacy advice board "NIST Privacy Engineering: Risk Model and Assessment", June 28, 2017.

2　互联网是一个不可信的网络，这也是与目前热门的量子通信网络，或者更准确地讲，量子密钥分发（QKD）网络最大的区别。

3　这位可怜的君王受宙斯的处罚，把巨石从山底推到山顶，巨石又滚落下来，一切又从头开始。

266

图 29.4 网络安全与隐私保护的关系

也会不断升华，所以对于从事隐私保护的法律人士或工程技术人员而言，他们也是一群"西西弗斯"。

当今，随着信息技术与现代社会的交互愈发深入，"虚拟空间""物理空间"和"生物空间"三元融合，形成所谓的"信息物理社会"（Cyber Physical Society, CPS）。这种新型的社会形态还有一个更为流行的说法——物联网（Internet of Things，IOT）。试想：在未来CPS或IOT的社会中，智慧城市、智慧医疗、智慧交通等，有多少信息涉及普通公民的个人隐私保护？

正是在这样一种大背景下，NIST启动了以"隐私保护"（而不是传统的计算机网络安全）为核心的标准框架顶层设计工作。这就是本回专门挑选NIST的内部研究报告《联邦信息系统隐私风险管理》（*Privacy Risk Management for Federal Information Systems*，

图 29.5 信息物理社会

NISTIR 8062 Draft)[1]进行介绍，并把它作为本书讨论现代隐私保护工程的最后一驾马车的缘由[2]。下面我们简称它《研究报告》，它将为我们揭示隐私保护工程这一全新的领域有多少尚未开垦的处女地。

从方法论来讲，NIST的这份《研究报告》沿袭了该机构制定信息安全标准的通用工具：风险管理。而隐私保护的基本理念则是源自本书上篇提到的那个由兰德公司最先倡导的"公平信息实践原则"。由此可见，《研究报告》对个人隐私信息保护与计算机网络安全保护的不同已经有了更深刻的认识。

《研究报告》还试图缓解由于美国联邦政府正在推行的一个雄心勃勃的计划而给个人隐私保护带来的冲击。这个计划名为"网络空间可信身份国家战略"（The National Strategy for Trusted Identities in Cyberspace，NSTIC）[3]。为此，《研究报告》将聚焦如何对隐私保护标准进行这样一个顶层设计："隐私风险管

图 29.6 "金字塔"与信息安全模型

1　NISTIR 8062 "Privacy Risk Management for Federal Information Systems".
2　另外一个与隐私保护相关的新标准是 NIST 800-63-3 "NIST Digital Identity Guidelines"。但从整体架构来讲，NISTIR 8062 的理念更值得借鉴。
3　美国政府的这个国家战略对网络空间的可信安全进行集中统一管理将起到重要的作用。但另外一方面，也给网络空间当中的个人隐私保护带来了不小的挑战。

理框架"（Privacy Risk Management Framework, PRMF）。《研究报告》试图在这个框架当中回答两个关键问题：（1）隐私保护工程的目标是什么？（2）隐私风险分析的模型是什么？

对于第一个问题：隐私保护工程的目标是什么？《研究报告》给出了一个很好的对比，那就是网络信息安全工程的目标是什么？对这个领域稍微有所了解的人们都知道就是大名鼎鼎的"机密性""完整性"和"可用性"（Confidentiality, Integrity, and Availability，即所谓的"CIA金三角"[1]），如同巍峨的金字塔一样（图29.6）。与之相对照，《研究报告》也提出了隐私保护工程的"金三角"目标："可预测性"（Predictability）、"可管理性"（Manageability）和"可剥离性"（Disassociability）。

按照《研究报告》的描述，"可预测性"这一隐私保护工程的目标就是"使得所建设的信息系统能够在数据主体、数据控制方以及数据处理方三者之间建立一个相互信任的关系"[2]。说得更直白一点，一个从事隐私保护工作的工程师在参与信息系统设

图 29.7　未来隐私保护概念图

1　信息安全"CIA金三角"这一概念最早产生于1975年的一篇论文，参见Jerome H. Saltzer, and Michel D. Schroeder, "The Protection of Information in Computer Systems," Proceedings of the IEEE 63(9), pp. 1278-1308, 1975.
2　NISTIR 8062 "Privacy Risk Management for Federal Information Systems".

计的时候，是否考虑到系统能够提供"隐私信息保护的三方信赖"这一目标。《研究报告》认为，实现"可预测性"是让数据主体对其个人信息拥有"自主决定权"的核心要素，从而能够让公民对该信息系统产生信任。而这也是实现"公平信息实践原则"的两个抓手之一（另一个抓手是"可管理性"，见下）。我们这里不妨做一个小实验——请读者扪心自问您对哪些处理您个人资料的信息系统会产生这种信任？您的住房信息？医疗信息？车辆保险信息？网上购物信息？上网聊天信息？……如果您完全不知道这些信息系统是如何存储、处理您的个人信息的，那么我们就不得不说它们还远远没有达到这种目标。这时您对 NIST 提出的"可预测性"这一理念的体会可能会更深刻一些。

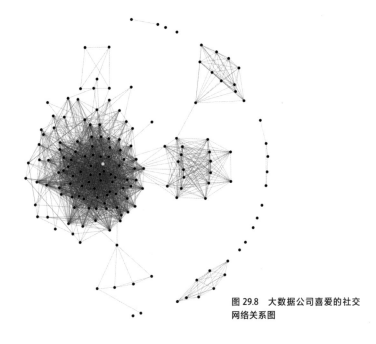

图 29.8　大数据公司喜爱的社交网络关系图

作为标准制定单位，NIST一如既往地关注如何去度量并实现一个信息系统当中个人信息的"可预测性"。这也是《研究报告》提出的一个重要研究方向。为此，NIST这位"老中医"开出的秘方之一是借鉴信息安全领域业已成熟的风险控制方法。例如分析信息系统本身是否会出现安全不可控、不可预测的风险。因此，从技术路线的传承上来讲，隐私保护"可预测性"可以收敛到信息系统安全风险分析与管理上来。只不过这时候进行分析的"样本点"是针对个人数据的。一旦发现存在这样的风险，那么工程师就可以采取业已成熟的各种安全技术（例如访问控制技术，又如上一回谈到的各种匿名保护技术、反社交数据分析技术等）来增强该系统的"个人隐私保护"功能，从而提升它的可信度。

最后，《研究报告》还不忘提醒，一旦一个信息系统的设计目标达到了隐私保护的"可预测性"，让数据主体认为"我的数据我做主"，那么从挖掘个人数据利用数据价值这个角度来讲也会鼓励各种应用创新，从而达到"多赢"的局面。

对于"可管理性"，《研究报告》定义为在信息系统设计的时候"应当提供这样一种细粒度的管理能力，使个人信息能够根据需要进行校正、删除或选择性公开"[1]。这种理念在本书前面介绍相关法律法规的时候已经多次出现，但现在NIST关注的是如何在信息系统工程建设过程中体现出来。毫无疑问，个人信息的可管理性也是实现"公平信息实践原则"这一基石的第二个抓手。然而，从现实来讲，当隐私保护工程师或信息安全工程师在进行信息系统设计的时候，显然不可能赋予任何一个"局外人"随意

1　NISTIR 8062 "Privacy Risk Management for Federal Information Systems".

进行个人信息修改、删除这样的权利。因此，《研究报告》所谓的"可管理性"指的是应当给系统管理人员提供这样一种能力，使信息系统在处理个人信息的时候，一旦需要，例如根据相关法律法规，那么他就可以进行"个人数据的修改、删除或选择性公开"。举例而言，假设您所在公司是提供云计算的服务商，而公司业务又涉及欧洲相关国家，那么系统的"可管理性"对于符合欧盟GDPR条款而言就显得尤为重要。那么如何做到"可管理性"呢？工程师依然可以采用诸多网络安全领域或隐私保护领域成熟的技术，例如上一回提到的"身份统一管理"就是其中之一。

对于"可剥离性"，《研究报告》的定义为信息系统的设计能够"使在处理个人信息的时候，除了必要的系统操作之外，不要关联到具体的个人或与之相关的设备"[1]。"可剥离性"是让一个处理个人数据的信息系统具有"隐私增强功能"（见上一回）的基本要素。这也是安全与隐私工程最大的不同。在进行信息系统安全设计的时候，一般而言会关注它的机密性需求，即如果系统存储的数据非常敏感，那么就可以采取包括加密技术在内的各种手段予以保护。但如果系统存储或处理的数据需要满足"可剥离性"需求，那么往往是指信息系统本身可以"合法"地处理个人数据，但这个时候要避免处理过程当中产生数据关联性。"大数据时代个人隐私无处可藏。"如果您熟悉这句话，那么您就会知道一个系统如果拥有"可剥离性"功能，您对它的信任程度毫无疑问会提升不少。

当然，信息系统"可剥离性"的实现也是当今隐私保护一个

---

1 NISTIR 8062 "Privacy Risk Management for Federal Information Systems".

最具有挑战性的前沿研究领域，如同设置古希腊神话传说当中的迷宫。例如医院的信息系统毫无疑问需要指向具体的病人，车辆管理所的信息系统也必须关联到具体的驾驶人员和他的车辆。对此《研究报告》提出的方向包括：采用风险分析当中"承受风险"的方法，或者使用匿名/伪名技术等。而加密也将是进行"可剥离

图 29.9　古希腊"迷宫"图

性"的一个重要技术领域。但这里又面临一个新的挑战。我们知道，一旦对数据进行加密，那么一个信息系统只能对其进行存储，而不能对这个加密数据包再"动手动脚"进行处理，否则就会变成谁也不认识的"天书"[1]。值得欣慰的是，当今密码技术的发展为人类未来进行数据的"盲加密处理"提供了新的曙光。本书将在结束的时候对此加以简要介绍。除此之外，包括"零知识证明""安全多方计算""密文检索"等密码学新技术也可以部分满足个人隐私数据"可剥离性"的处理。由于这些技术涉及的知识面超出了本书的科普范围，所以暂时省略，有兴趣的读者可以去

---

[1]　当然，在人类历史中，解读天书也是一种特权。在中国古代社会，天书的辨识一般都是帝王将相即将显灵或者即将改朝换代的时候用来骗人的招数。一个最著名的例子就是《水浒传》一百零八将排座次。

阅读相关的专业文献。

尽管《研究报告》提出的信息系统隐私保护工程这三个属性还非常初步，但毫无疑问它给人们将来进行隐私保护能力的评估，提供了一个可操作的基准。它将像信息安全的"CIA金三角"一样，用于指导或细化一个信息系统的隐私保护水平。

作为本回的结束，下面我们简要介绍一下《研究报告》提出的"隐私风险模型"。熟悉信息安全风险评估的人们一定会记得，安全风险评估最重要（也是最简单、最烧脑）的是计算这样一个风险值：

安全风险值＝安全风险出现的概率 × 信息本身的价值

如果您不熟悉这个古怪的公式没关系。我们就以现实世界为例。地球的价值很大，对不对？这是我们人类赖以生存的星球。那么一颗小行星撞击地球的风险值怎么计算呢？人们可以套用上面这个公式，考虑陨石撞击地球的概率有多大，然后再把它和地球的价值（假设对我们人类而言是100%）相乘，就可以得出陨石撞击地球的风险值是多少了。顺便说一句，如果您想知道陨石撞击地球的概率有多大的话，正如莎士比亚说的那样，"一千个人眼中有一千个哈姆雷特"。而对于笔者这种没心没肺的乐观主义者而言，"明天小鸟还会歌唱，太阳每天照常升起"[1]。

让我们回到主题上来，隐私风险的模型是什么？《研究报告》给出了一个简单的数学公式：

隐私风险值＝对可疑数据的操作概率 × 可疑数据对个人的影响值

1　参见卓别林的经典喜剧电影《摩登世界》。

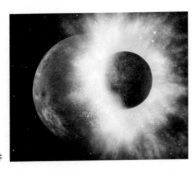

图 29.10　陨石撞击地球的小概率事件

　　这里需要解释一下"可疑数据"。所谓可疑数据，指的是那些有可能对个人隐私泄露产生影响的数据。例如上面提到的"可剥离性"概念，就是要尽量抵抗数据关联性分析，即有可能是一堆貌似并不相关的数据，但在进行数据关联分析过程当中就揭示出数据主体姓甚名谁、家庭住址、个人喜好等一系列隐私。想必读者看到上面这个描述，脑海里面一定出现了"人肉搜索"这个词吧？

　　"可疑数据对个人的影响值"如何计算呢？《研究报告》采用了传统的安全风险评估方式，即使用"高、中、低"三档来进行粗略的估计。但需要指出的是，"可疑数据对个人的影响值"往往因人而异。这是这个隐私风险公式与安全风险公式最大的区别。因为一个信息或信息系统的价值，对于一个组织机构而言是可以进行"统一确认"的。但个人隐私保护的关键就在于"个性化"。因此上述隐私风险公式的普适性将是未来人们进行具体的隐私保护方案设计时面临的一个新挑战、新课题。对此，我们依然用本书上篇当中哲学家罗素对古希腊泰勒斯学派的评价来形容 NIST 的这个报告吧，他们带给后人的方法论如同在未知的科学海洋当中探险的指南针。

图 29.11　古希腊神话传说《奥德赛》

　　尽管如此，NIST的隐私保护专家们还是在《研究报告》里面倾注了大量心血，例如给出了建立隐私风险模型的"四步舞曲"：

　　第一步：识别数据活动。这里的"数据活动"指的是信息系统在处理个人信息的时候涉及哪些操作。

　　第二步：这是在分析完第一步"数据活动"的基础上开展的第二步工作。根据相关的数据活动，再对个人信息进行分类并赋予不同的权重。一个人的银行信息与健康数据显然是不同的类型。对于健康而富有的人来讲，这两类信息的权重也有所不同。当然，作为一个处理海量个人信息的系统而言，这还涉及采用各种统计分析模型来确定数据主体的特征，以及利用经验模型进行权重的赋值。以医院信息系统为例，就可以分为外科、内科、妇产科等不同的类型以及所需要的治疗资源进行数据分类和赋值。

　　第三步：问题总结。在第一、第二步的基础上，对信息系统处理个人信息可能出现的问题进行归纳总结。而且在这一步当中，可以将问题按照严重性（或重要性）进行优先级排序，也可以采用传统信息安全风险评估的手段进行加权赋值。要注意这里的问题总结不是一般泛泛而谈的定性描述，而是要尽量对隐私数据面临的问题进行分类分级的定量刻画。

第四步：可疑数据的操作计算。在分析完上述三步之后，《研究报告》在这里采用的也是传统的信息安全方式——"敌手模型"，即从这些"可疑数据"一旦被进行操作之后会带来什么负面影响进行估值。为此《研究报告》专门给出了十余种"可疑数据操作"模式供人们参考。需要指出的是，这些操作模式完全可以根据信息系统承载的具体功能进行删减或优化，因此读者需要关注的并非具体有哪些操作，而是把可能会给个人隐私数据带来危害的操作进行分类的思想方法。

图 29.12　古希腊"地心说"模型

在完成上述四步舞曲之后，隐私风险评估模型的输入数据就确立下来了。然后投放到上述模型当中进行"机械式"的计算，就像古代计算行星运行轨迹的地球仪一样，从而将飘忽不定的风险量化成数字。简单吧？下面是《研究报告》关于这四步的流程图。

对于熟悉软件工程或系统安全工程设计的理工男（女）而言，《研究报告》还提供了若干"图形化"的隐私信息系统设计手段，例如不同种类的"隐私重要性标签""隐私需求分析用例图""隐私优先序热力图"等好玩的工具。考虑到本书面对的主要读者群，所以笔者在这里不再涉及这些专业内容。

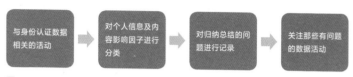

图 29.13　NIST 隐私保护流程框架

第三十回　向苍天　问鸿雁　天空有多遥远
　　　　　酒喝干　再斟满　今夜不醉不还

战国时期伟大的诗人屈原一生两次被放逐，但却"失之东隅，收之桑榆"。第一次放逐期间创作出不朽诗篇《离骚》，因与《国风》齐名，从而为后人留下"风骚"的佳话。第二次放逐更是以苍穹为画卷、以江河为笔墨，挥洒出了中国古代文人骚客当中最著名的科学论文——《天问》：问天、问地、问人类。当这位风骨文人漫步在湖南益阳桃花江畔[1]，举头仰望夜空，银河倒挂、繁星点点，他在想什么？彼时彼刻浮现在屈子脑海里的，再也不是官场中的尔虞我诈、列国间的明争暗斗，而是人类与自然和谐相处，以及宇宙间无穷的奥妙。

"遂古之初，谁传道之？……何所不死？长人何守？"

……

古希腊著名诗人荷马在撰写《伊利亚特》的时候，浮现在脑海里的画面不仅有"特洛伊木马"的计谋、阿伽门农和阿喀琉斯的恩怨情仇，还有对人类未来的终极关怀，最后升华到人与自然的终极和解。

1　据一些学者考证，屈原创作《天问》是在湖南益阳桃花江。不过让这条美丽的河流名满天下的却是20世纪30年代著名作曲家黎锦辉先生的佳作《桃花江是美人窝》。

"正因为我们在劫难逃，所以世间万物更加美好。"

……

由此可见，五千年前东西方文明诞生之初，先哲们就不约而同地对人类社会的未来寄予了殷切希望和美好憧憬。而今天的我们对人类未来五千年，甚至未来五百年以后的前景还和古人一样抱有同样的信心吗？

温故知新，人们不难发现人类对未来的信心主要来源于两个"自"，一个是对自然的态度，另一个是对自己的了解。

2014年11月，好莱坞科幻大师克里斯托弗·诺兰导演的《星际穿越》在中国大陆隆重上演。剧中主人公为了赶回地球与儿女重逢，毅然驾驶飞船冲入黑洞。在那一瞬间，背景话音反反复复地响起英国诗人狄兰·托马斯（Dylan Thomas）《切勿陷入良宵》当中那段著名的诗句：

Do not go gentle into the good night.

Old age should burn and rave at close of day.

Rage, rage against the dying of the light.

切勿陷入良宵。

白昼将尽，暮年在烈焰中咆哮。

狂嗥吧！飞逝的光阴让我怒火中烧。

……

诺兰大导演想告诉观众什么呢？除了表达主人公对命运的抗争，是否也在暗示依仗无所不能的科学技术而肆意破坏地球资源的人类应该有所惊醒，学会与自然和谐相处，否则人类的暮年"只能在烈火中咆哮"了？

与这部大片需要主人公穿越黑洞才能最终拯救全人类的科幻

图 30.1　黑洞模型

色彩不同，人们今天正在认真考虑真正进入自己身上的最后一个"黑洞"。

　　不知道读者是否听说过"Neuralink"这家位于美国旧金山的高科技初创公司。顾名思义，该公司是研究如何联通大脑神经的。所以我们干脆给它取一个更形象的中文名字："神通"。那么它的老板是谁呢？大名鼎鼎的老神童马斯克！如果真有上帝，那么马斯克一定是上帝派到人间来捣乱的，来挑战人类的各种陈规陋习的：从时速上千公里的超高速列车、自动回收的火箭，到火星移民，马斯克正带领一群追梦人一步一个脚印不断给世人带来惊喜。而现在，顽童马斯克是准备给人类带来惊吓了吗？他现在又把目光投向了"大脑链接电脑"，要让人类从此之后"脑洞大

图 30.2　脑机接口试验

开"！这就是他收购神通公司的目的[1]。

让我们畅想一下，未来神通公司也许会针对中国市场推出这样一则产品广告：当下中国年轻父母最头痛的亲子关系是什么？"不谈功课，母慈儿孝。一谈作业，鸡飞狗跳。"而您只需让孩子戴上神通公司的智慧帽，一切都会岁月静好。

也许，家长们望子成龙的心情可以理解，让孩子戴上这种链接着世界最强大脑——互联网的智慧帽来快速提升学习能力也无可厚非。但如果戴上瘾了，将来在公司、在单位……人人都被上司要求戴上这种能够读取你的思维活动，你不用说话就能知道你的想法的"智慧帽"，那会是一种什么景象呢？真要到了那一天，这种被滥用了的"黑科技"已经不仅仅是《西游记》当中的"紧箍咒"，而是把人这种自由自在的美丽生灵推向深渊！

记得四十多年前国门刚刚打开的时候，上映过一部风靡全国的日本电影《追捕》。那个被药物洗脑之后的可怜虫横路敬二站在楼顶上，旁边的黑老大在不断蛊惑他："一直往前走，不要往两边看。走下去，你就会融化在那蓝天里……召仓不是跳下去了吗？堂塔也跳下去了，你倒是跳啊！"

切勿陷入良宵。

白昼将尽，暮年在烈焰中咆哮。

狂嗥吧！逝去的人类谁来哀悼？

……

当然，也许未来没有这么悲观。即使出现了这种黑科技（肯

1　当然，公正地讲，马斯克本人对人工智能可能给人类道德伦理带来的负面影响是保持高度警惕的。

定会出现！只不过方式与拙著设想的不一样[1]），人们为什么不能又研发出"反神通"的产品来保护我们人类隐私的最后一道防线呢？咦？真到了那一天，不会满大街看谁戴的帽子大吧？又想多了。不过"魔高一尺道高一丈"，永远没有止境。但无论如何，为了保护我们个人的隐私，科学家们也没闲着，特别是在信息安全的基石——密码学领域，进入21世纪之后，人们又有了全新的发明。当然，这些发明一边"打烂一个旧世界，与此同时又建设一个新世界"。这才是科学研究的魅力所在，对不对？

我们先来看看旧世界是如何被打烂的。

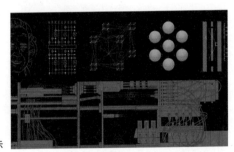

图 30.3　IBM 量子计算机演示

1994年，贝尔实验室，是的，就是香农奠定现代密码学和信息论基石的那个神奇之地，一个名叫皮特·修尔（Peter Shor）的数学家闲来无事，设计出了一个新的"量子加速算法"[2]。这个算法只能干一件事：毁掉现代公钥加密算法，也就是本书在前面提到的MIT"三个火枪手"发明的RSA算法[3]。而RSA算法则是我

1　人类的好奇心，包括对自身的好奇心是压抑不住的。所以类似的科技产品不仅会出现，而且笔者认为不到五年就会到来。让我们拭目以待吧。
2　IBM量子计算机原理图。
3　由于椭圆曲线公钥加密算法ECC的数学原理可以规约到RSA的大数分解上，所以整个互联网第一代公钥加密算法RSA/ECC都被"修尔量子算法"攻陷了。

们现代互联网安全的基石啊![1]有句老话怎么讲？"基础不牢，地动山摇。"正是由于这一让人不可思议但又绝对没毛病的"修尔量子算法"，使人们开始认真考虑量子计算机的研发，因为"修尔算法"虽然强大，但只能在量子计算机上运行才能破坏RSA算法[2]。而"修尔算法"又太诱人，过去数十年互联网当中有多少秘密都是靠RSA来保护的啊！难怪美国国家安全局在人迹罕至的沙漠里建了一个世界上首屈一指的数据中心。据说里面存放了海量的历史数据。这些数据如同《一千零一夜》里的阿里巴巴大盗的宝藏，就等着有那么一天"芝麻，开门吧!"

图30.4 阿里巴巴和四十大盗

那么能够运行"修尔算法"并且真正破掉RSA密码的量子计算机什么时候能够研发出来呢？有人说，五到十年。有人说，等你

1　参见本书前面介绍RSA算法的应用场景。
2　这也是当今世界大国开始布局量子计算机研发的原始动力之一。人们已经开始纷纷关注量子计算机的其他用途了。一旦量子计算机研发成功，人类将进入"神一样的阶段"。由于这部分知识与本书主题不直接相关，所以只好割爱了。

到永远[1]。

"不怕贼偷就怕贼惦记。"大概世界各国网络信息安全领域都信奉这个座右铭。

2015年7月29日，时任美国总统奥巴马宣布了"国家战略计算倡议"。表明美国政府将目光投入了新一代计算机的研发。尽管这个"倡议"全文没有一句提到"量子计算机"，但20天之后的8月19日，大名鼎鼎又唯恐出名的美国国家安全局一反常态，在其官网上刊登出一则短消息："鉴于量子计算机即将带来的威胁，本局要求美国有关部门尽快拿出替代RSA等公钥密码、能够抵抗量子计算机攻击的新型密码方案。"这又说明了什么呢？

2016年的"早春二月"，在美丽的日本海滨城市福冈召开的第7届抗量子密码国际会议上，美国国家标准局NIST正式对外宣布要面向全球征集新一代公钥加密算法，并在未来三到五年将其制作成美国的国家标准[2]。2019年，这个计划已经进入"第二轮候选"，截至本书付印之时，包括NIST在内的世界各国上百名专家刚刚结束在"山城"重庆召开的"第10届抗量子密码国际会议"[3]，再次对那些能够担当互联网安全基石的新型加密算法进行论证。预计在2021年之前，一批能够抗击量子计算机攻击的"第二代公钥加密"将逐步融入互联网，替换现有的"第一代公钥加

---

1 修尔博士的兴趣不仅仅在破密码算法，他还是最先设计出"量子纠错码"的学者之一，为后续量子计算机研发指出了一个重要的方向。如果仔细品味他这篇量子纠错码的开创性文章，人们会惊讶地发现它本质上与20世纪四五十年代香农发表的《纠错码》一脉相承。难道修尔徒弟与香农师祖在贝尔实验室的咖啡厅也经常闲聊？
2 由于欧洲、日本等并没有这样的计划，所以美国标准又可能会成为新的国际标准。
3 2019年5月8～10日。中国重庆，重庆大学。第十届国际抗量子密码会议PQC2019。感谢"重庆歌剧院夜景"图片作者吴勇军先生授权引用。

密算法"。

新的加密算法对我们将来的个人隐私信息保护能起到什么作用呢？简而言之，爱丽丝和巴伯可以继续放心大胆地在将来的互联网上互诉衷肠而不用担心泄密，而沉醉区块链[1]各种应用的人们也可以继续"链接全球"。总之，凡是涉及第一代公钥算法的互联网协议，只要换成新型抗量子算法，我们的互联网就会继续安全地运行下去[2]。至于这里面又涉及多少新的产业、新的商机，超出了本书的范围，故不再赘述。

"我们正在打烂一个旧世界，我们正在建立一个新世界。"以上就是各国网络安全竞争焦点之一的新型密码技术的发展趋势，以及对未来人类自身隐私信息保护可能带来的影响。

但是，且慢！

什么叫未来人类自身的隐私信息？当物联网应用越来越普及，当整个城市和乡村都成为"智慧社区"，当每个人身上都挂满

---

1 当前保护区块链安全的基石依然是第一代公钥加密算法。因此，需要对其进行替换，以便成为抗量子安全的区块链。
2 如果你认为量子计算机永远研发不出来，不想换也可以，但谁也不敢保证互联网里面有哪些"贼"在惦记你的数据。

了各种智能小物件随时随地在进行信息交互，你难道不需要保护这些与你生活息息相关，又带有很多你个人信息的电子产品，甚至生物制品/基因的"隐私"吗？你家的机器保姆看上了隔壁老王家的机器保姆，成天腻味在一起八卦怎么办？

也许就在三五年之后，由于人工智能的快速发展（以及完全有可能"美梦成真"的量子计算机[1]），人、机、物都会越来越重视"隐私保护"，都可能各有各的"小秘密"。在将来的智慧生活当中，下面这样一对矛盾必定会越来越尖锐：一方面人机物（不仅仅是人本身，但必定是围绕人本身！）要保护自身的隐私信息，另一方面又不得不交换大量的"人机物信息"来使人类这个"主人"能够享受高品质的智慧生活！

未来，要保护的"个人秘密"会越来越多，要交换的"个人信息"也越来越多。

切勿陷入良宵。

白昼将尽，人类智慧的暮年在烈焰中咆哮。

狂嗥吧！谁又把我的隐私拿去交换、拿去咀嚼？

······

看来，为了解决日益尖锐的矛盾，我们得另辟蹊径。

让我们再次脑洞大开吧：假如我们不是死死地保守自己的秘密，谁也不告诉，而是恰恰相反，每一个人（以及他/她的林林总总的智慧附属品）把自己的秘密都拿出来给第三方共享，并让这个第三方（例如一个巨大无比的云计算中心）来代为进行信息处

1　2018年年底，特朗普总统签发《量子信息科学国家战略概述》，同时美国国会通过了全球第一个"量子法案"，大力推动包括量子计算在内的量子科技革命，"暴风雨即将来临"。

理和交换，如何？

你可能会说，我凭什么信任这个第三方？

没关系，不仅你不信任它，大家都可以不信任它[1]。但它却可以"忍辱负重任劳任怨"地处理人们给它的各种敏感信息，只要我们能够做到一点：即交给这个"不可信的第三方"的个人信息都各自加了密。这样一来，这个第三方不就看不到任何敏感信息了吗？

但是，（又）且慢！

例如爱丽丝和巴伯为了互表衷心，决定同时写一句话[2]。爱丽丝写下"巴郎"，巴伯写下"爱妹"。两人既希望第三方把这两句连在一起"巴郎爱妹"心相印，又不想让第三方知道内容，怎么办？两人分别加密之后交给第三方。但这个第三方都不知道爱丽

图 30.6　印度版爱丽丝和巴伯

1　试问，现在有多少信息服务提供者让你感到它真正保护了你的隐私呢？
2　读过《三国演义》的读者一定记得诸葛亮和周瑜同时在手心里写下一个"火"字，英雄所见略同，从而在赤壁大败曹孟德百万雄师。

丝和巴伯写了些什么，如何拼接？从何处拼接？说不定拼出一个"巴狼暧昧"都有可能，巴伯可就倒了八辈子血霉了。

上面这个简单的例子其实说明了人类密码学发展史上一个尴尬的处境：即从古到今，所有密码算法都有一个共同的特点，那就是加了密之后的"密文"不能再动它，除非你把它解密之后才能进一步处理。

然而到了2008年，事情有了转机！

一位在IMB华生实验室工作[1]的青年数学家格里格·尖锤（Graig Gentry）设计了一个（公钥）加密算法。这个新的加密算法能够让爱丽丝（写"巴郎永不变心"）、巴伯（写"爱妹海枯石烂"）把各自加了密的内容交给"尖锤云"，"尖锤云"在不知内容的情况下进行"盲操作"[2]，操作完之后交给爱丽丝，爱丽丝用自己的私钥进行解密，就能看到"巴郎爱妹海枯石烂永不变心"这

图30.7　中国超级计算机

1　本书前面提到，世界著名计算机龙头企业IBM公司下属有一个搞黑科技的实验室——华生实验室。而在密码学领域，它曾经在20世纪创造过辉煌，研发了第一款国际通用的密码算法"数据加密标准"DES。它也错失了一个大好的机会，发明人类历史上全新的公钥加密算法的科学家之一——密码游侠迪菲和赫尔曼都曾与华生实验室关系密切，但却没有碰出火花。而尖锤这个发明总算让IBM华生实验室扬眉吐气一回。可惜的是，最近IBM刚刚裁减了尖锤所在的部门。

2　甚至进行什么样的操作本身都是加密的，尖锤都不知道。所以是真正的盲操作。

个结果了[1]。

这个新的算法有什么样的应用呢？它有一个绰号："云密码"[2]。是的，当今提供云计算的服务商一旦有了这种加密算法，就再也用不着费尽口舌去给人们讲"我们的芝麻云有多么多么安全，阿里郎如何一心一意地为用户的隐私保护着想"了。这种正式名称叫"全同态加密算法"（Fully Homomorphic Encryption, FHE）的新型密码能够让用户自己先加密，然后放心大胆地交给云计算服务商为你提供"盲操作计算服务"。处理完之后的加密数据交回到用户手中再自己解密就行了。全部过程云服务商毫不知情，只知道埋头猛算。想象一下，这样一来云服务未来的发展空间有多大！

性急的读者可能会问？为什么现在还没看到这个云密码投入使用呢？有一点小小的、暂时的障碍：目前它的运算效率还太低。一般的加密算法运算也许一毫秒就能出结果，它现在可能需要花上好几个小时甚至几天。但将来量子计算机出来之后呢？说不定效率就秒杀其他算法了呢！

等一下，量子计算机？细心的读者可能又会问，这个云密码能抵抗量子计算机的冲击吗？会不会面临上面介绍的第一代公钥密码那样的下场呢？

还好！这个云密码的数学原理也是抗量子的！

哇！云密码太棒了！！太神奇了！！！

1　细心的读者甚至可以发现上面这两句分别由爱丽丝和巴伯写的话语，处理时进行了重新排列。而重新排列这种操作就是他们二人希望第三方来做，但又不希望第三方知道如何做的。
2　不少密码学家也把这个新型密码称为人类密码科学的"圣杯"。

读者也许会觉得它的发明者尖锤一定是一个数学神童吧？要不就是从小就上各种美国的奥数补习班说不定中学还拿过很多国际大奖吧？尖锤同学热爱数学不假，但他当初也是"听从父母之命"，本科就读于哈佛大学法学院，当了几年律师突然有一天觉得起早贪黑与人打交道，绞尽脑汁打官司不好玩，还是研究密码更有生命意义啊。于是尖锤同学决定抛弃"高薪洋房"，改行从头学数学。个中艰辛和幸福难以为外人道。毕业后尖锤加盟IBM华生实验室密码研究组，现在最看重的是家庭和才出生不久的小宝贝，问他何时重出江湖？不知道！

　　如果不是考虑到保护个人隐私，笔者一定会把这个长着一副娃娃脸，在重庆吃火锅还把"劲酒"当威士忌喝（而且喝麻了）的"数学神童律师"的照片分享给大家。

　　　　酒喝干　再斟满。

　　在行将结束全书之际，让我们把目光投向未来。对于人类而言，相信我们每一个个体都认同：越是信息时代、智慧生活，个人的隐私保护就越发重要。

　　"独处的权利"，每个人都应该享有不受打扰、怡然自得独处的权利。这是隐私保护最早的理念。

　　而今天、明天、后天……当一个人不得不交出很多属于个人的信息来获得群体和社会的认同的时候，隐私信息保护可能已经不是"岁月静好"的时候个体才拥有的高雅权利，而是任何时候任何情况下保护我们自身作为一个"鲜活独特的个人"最后的底线。

　　然而，这个底线在不断发生迁移，它最终会走向何方？

　　为了获得更加高科技的生活方式，人类最终会将自己的所有隐私交付给未来全能的智能之神吗？就像浮士德博士那样把自己的灵魂托付给魔鬼？

　　　　向苍天　问鸿雁　天空有多遥远。

　　　　……

时光荏苒，又过了500年。现在是公元2519年。

牧星大叔驾驶着"水滴"飞船又来巡天。当他掠过鄂尔多斯大草原的时候，出现在全息屏幕上的是一群群健壮多毛的转基因牛羊和一望无际的肥美水草。偶尔有几只波士顿动力公司生产的敏捷的机器狼窜入羊群，这也是为了让这些食草动物保持它们警惕的天性而设计的桥段，狼群还哼着小曲儿"狼爱上羊呀，爱得疯狂"。除此之外，全自动智慧牧场几乎看不到其他生物。

　　　　酒喝干　再斟满　今夜不醉不还……

突然，牧星大叔耳朵里传来一阵动人的歌声，飞船自动寻的摄像机立刻捕获了歌声的来源：这是牧星大叔以前来地球巡天从

图 30.8　NASA 行星探测图片[1]

1　图片检索日期：2019年3月29日。引用地址：加州理工喷气实验室。

来没见过的一种生物，有点像几百年前的人类，但却是流线型的身材，透明的肌肤，身上裹着一件旧式的羊皮袄，头上戴着一顶竹斗笠，嘴里还叼着一根马尾巴草，独自一人在那里怡然自得地哼着几百年前的一首老歌《鸿雁》，周围那转基因牛羊和智能牧场却浑然不知……

　　看来，这个星球的主人还是纯真的人啊。

　　不知为什么，牧星大叔眼里突然噙满了泪光……

图书在版编目（CIP）数据

隐私信息保护趣谈 / 向宏著. —— 重庆：重庆大学
出版社，2019.8
（万物智联与万物安全丛书）
ISBN 978-7-5689-1704-9

Ⅰ.①隐… Ⅱ.①向… Ⅲ.①互联网络—隐私权—信
息安全—数据保护—研究 Ⅳ.①TP393.083

中国版本图书馆CIP数据核字（2019）第151749号

隐私信息保护趣谈
YINSI XINXI BAOHU QUTAN
向 宏 著

策划编辑：张 维
责任编辑：李桂英
责任校对：王 倩
责任印制：张 策
装帧设计：刘 伟

重庆大学出版社出版发行
出版人：饶帮华
社址：（401331）重庆市沙坪坝区大学城西路 21 号
网址：http://www.cqup.com.cn
印刷：重庆俊蒲印务有限公司

开本：890mm×1240mm 1/32 印张：9.375 字数：212千字
2019 年 8 月第 1 版 2019 年 8 月第 1 次印刷
ISBN 978-7-5689-1704-9 定价：56.00 元